CLINIC NOTE BOOKS

3ステップで考える
犬と猫の神経疾患の診断アプローチ

関連動画180本

編著 神志那 弘明

interzoo

本書の動画について

本書の動画マーク（▶）がついている画像は、関連動画が配信されています。下記のURLにアクセスし、IDおよびパスワードを入力してご覧ください。

URL：http://neuro.interzoo.co.jp/login
ログインID：shinkei
パスワード：3step

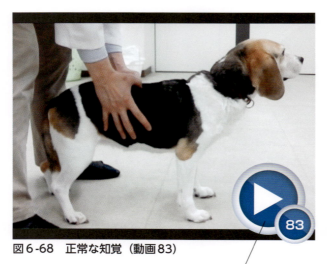

図6-68　正常な知覚（動画83）

青の動画マークは
正常所見

図6-69　知覚過敏（動画84）

オレンジの動画マークは
症例の異常所見

＊本書に記載されている薬品・器具・機材などの使用にあたっては、添付文書（能書）あるいは商品説明書を確認してください

はじめに

　私が獣医師になりたての頃には想像できなかったことだが、今やCTやMRI検査は非常に身近な検査になった。そのおかげで、検査をすれば何かが見つかり、治療法も明確に提示できるようになった。獣医療における断層診断の発展と普及は獣医神経病学の発展に直接的に寄与し、それにより神経病学に魅了された獣医師は多いだろう。今まで見えなかった病変が見えるのだから、それは面白いわけで、画像診断から神経病の世界にハマった人は多いはずである。

　CTやMRI検査を迅速に実施できるようになった今日、われわれ臨床獣医師に求められているのは、CTやMRI検査により正確な診断を下すということもさることながら、それらの検査を行うまでのプロセスである。神経のどこに異常があるのか？　どのような疾患なのか？　麻酔をかけてMRIを撮るメリットはどのくらいあるのか？　など、MRI検査を行う前に答えなければいけない質問が数多くある。その答えなければいけないことは何か、つまり断層診断を行う前までに、何を把握しておくべきなのかという点をはっきりとさせるために、本書は具体的な治療法ではなく診断のアプローチ法に重点を置いた。

　神経病学のもう1つの魅力は、問診、観察、神経学的検査などの非常に基本的な検査により病変が見えてくる点にある。この神経病学の第2の魅力はまだ伝わりきっていない気がする。それはおそらく、神経学的検査などの結果をうまく処理（解釈）できないからではないだろうか。ポイントは、得られた情報をもとに「系統的に考える」ことである。本書は、神経病学の第2の魅力ともいえる「系統的に考えれば病変が見えてくる」ことをもっと広く知ってもらうために執筆した。本書で解説するアプローチ術を用いれば、問診、観察、神経学的検査といった誰にでもできる検査で、かなり正確な臨床診断が可能となるはずである。そして、CTやMRI検査がより有益な検査になるはずである。本書が神経病学の初学者のみならず、もう一度基礎に戻って勉強しようと考える臨床獣医師の一助となれば幸いである。

　最後に、本書のもととなったCLINIC NOTE（「見えてくる！　神経疾患へのアプローチ」）の連載時からサポートいただいたインターズーの皆さま、とくに齊藤絢子氏に感謝の意を表したい。また、連載時から原稿を一緒に執筆してくれた、たくさんの同志に心より御礼を申し上げたい。

2017年10月

岐阜大学応用生物科学部共同獣医学科 獣医臨床放射線学研究室
神志那 弘明

目 次

編著者まえがき　　　　　　　　　神志那 弘明

◆ 第1部　総論　　5

- 第1章　診断の進め方 …………………… 6
- 第2章　step1 問診から得られる情報 ………… 10
  - 症例1 …………………………………… 16
- 第3章　step2 観察から得られる情報① ……… 19
  - 症例2 …………………………………… 24
- 第4章　step2 観察から得られる情報②
  　　　　－歩様検査－ ……………………… 27
  - 症例3 …………………………………… 33
- 第5章　step3 神経学的検査から得られる情報 …… 36
  - 症例4 …………………………………… 45
  - 症例5 …………………………………… 48
- 第6章　神経学的検査の手技 ……………… 51

◆ 第2部　各論　　85

- 第7章　頭蓋内疾患へのアプローチ① －前脳病変－ … 86
  - 症例6 …………………………………… 94
- 第8章　頭蓋内疾患へのアプローチ② －小脳病変－ … 97
  - 症例7 …………………………………… 104
- 第9章　頭蓋内疾患へのアプローチ③ －脳幹病変－ … 106
  - 症例8 …………………………………… 112
- 第10章　前庭疾患へのアプローチ ………… 115
  - 症例9 …………………………………… 123
- 第11章　顔面神経麻痺と三叉神経麻痺への
  　　　　アプローチ ………………………… 126
  - 症例10 ………………………………… 133
- 第12章　脊髄疾患へのアプローチ①
  　　　　－C1-5の病変－ ………………… 135
  - 症例11 ………………………………… 144
- 第13章　脊髄疾患へのアプローチ②
  　　　　－C6-T2の病変－ ……………… 146
  - 症例12 ………………………………… 153
- 第14章　脊髄疾患へのアプローチ③
  　　　　－T3-L3の病変－ ……………… 156
  - 症例13 ………………………………… 163
- 第15章　脊髄疾患へのアプローチ④
  　　　　－L4-S3の病変－ ……………… 166
  - 症例14 ………………………………… 174
- 第16章　末梢神経系疾患へのアプローチ …… 177
  - 症例15 ………………………………… 184
- 第17章　排尿障害へのアプローチ ………… 186

◆ 第3部　注意が必要な疾患　　193

- 第18章　猫の神経疾患へのアプローチ …… 194
  - 症例16 ………………………………… 199
  - 症例17 ………………………………… 202
  - 症例18 ………………………………… 205
  - 症例19 ………………………………… 208
  - 症例20 ………………………………… 211
- 第19章　神経疾患と間違われやすい疾患 …… 214
  - 症例21 ………………………………… 219
  - 症例22 ………………………………… 221
  - 症例23 ………………………………… 223

◆ 第4部　チャレンジしたい やや難しい症例　225

- 症例24 …………………………………… 226
- 症例25 …………………………………… 229
- 症例26 …………………………………… 232
- 症例27 …………………………………… 235
- 症例28 …………………………………… 238
- 症例29 …………………………………… 241

索引 ………………………………………… 244

第1部
総　論

　第1部では、診断アプローチの3ステップ、それぞれのステップで得られる情報、そして得られた情報をどのように処理（解釈）するかを解説する。神経疾患に対する診断アプローチの基礎となる最も重要な部分である。

第❶章　診断の進め方 ―イントロダクション―

第❷章　step1 問診から得られる情報

第❸章　step2 観察から得られる情報①

第❹章　step2 観察から得られる情報② ―歩様検査―

第❺章　step3 神経学的検査から得られる情報

第❻章　神経学的検査の手技 ―コツとピットフォール―

第1部 総論

第1章 診断の進め方 ―イントロダクション―

本章のテーマ
1. 神経疾患に対する診断の全体的な流れを理解する
2. 3つのステップによるロジカルな診断アプローチ法を理解する
3. それぞれのステップの目的を理解する

系統的診断アプローチの目的とは？

神経疾患を疑う動物が来院したとき、何をどこまで明らかにすればよいのだろうか？　このことがはっきりと認識できれば、皆さんがどこへ向かうべきなのかが明確になるだろう。系統的にアプローチする目的は、次の2つの質問に答えられるようになることである。

> ① 病変はどこにあるか？
> ② どのような病態か？

局在診断と病態診断

つまり、系統的診断アプローチの目的は"「どこ」に「何」があるかを調べること"である。①は病変部位の特定であり、局在診断という。②は原因の特定であり、病態診断という。「病態診断」という用語を使用する理由は、病名を考えることよりも病態を考えることがはるかに重要だと考えているからである。系統的なアプローチが苦手な初学者に共通するのは、すぐに病名を考えようとする点である。このアプローチでは、当たればホームランだが、外れると即アウトになってしまう。

3ステップによる診断アプローチ

系統的診断アプローチを行うために、作業を3つのステップに分けて考えると便利である。

3ステップによる診断アプローチ
- **step 1** 問診（動物がいなくてもできる検査）
- **step 2** 観察（動物に触らずに行う検査）
- **step 3** 神経学的検査（動物に触って行う検査）

神経疾患を疑う動物が来院した場合、すぐにstep 3の神経学的検査を始めたくなるが、実はその前に行うstep 1やstep 2から得られる情報が極めて重要である。診断をロジカルに進めるためにも、step 1→2→3と順に行うことを強く勧める。step 1は「動物がいなくてもできる検査」、step 2は「動物に触らずに行う検査」、step 3は「動物に触って行う検査」と覚えるとよいだろう。筆者は常にこの3つのステップを忘れていないか、自身に問いかけながら検査を進めるようにしている。3ステップの系統的診断アプローチの全体像を図1-1に示す。

それぞれのステップに関する詳細は次章以降で述べていくとして、本章では全体の流れと概要を説明する。

第1章 診断の進め方 —イントロダクション—

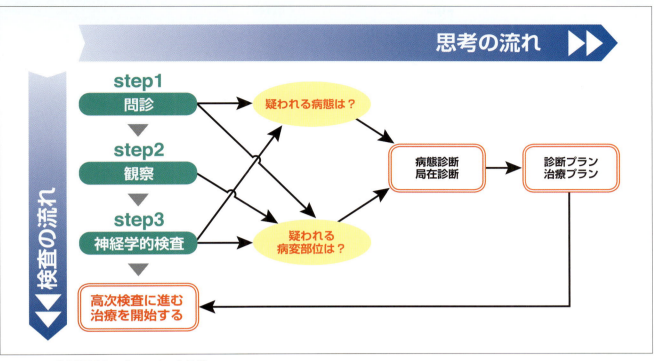

図1-1　系統的診断アプローチの全体像

step 1　問診（動物がいなくてもできる検査）

はじめに問診を実施して、シグナルメントとヒストリーを聴取する。step 1は問診から得られる情報なので、動物がいなくてもできる検査である。step 1の目的は、「病態が何か」を考えることである。はじめから病名を考えるのではなく、もっと大きなカテゴリー（病態）で考える。病態を考えるときには、よく使われる病態の分類法であるDAMNIT-V（→p.11）が便利である。

■ シグナルメント
動物種、品種、性別、年齢により、考えなければならない病態の優先順位が決まる。

■ ヒストリー
ヒストリーには、現病歴、既往歴、食事歴、予防歴、家族歴、飼育歴など、「歴」の付くすべての情報が含まれる。現病歴は現在問題となっている病態であるため、当然重要な情報となる。大切な点は次の2つである。

> ① 症状はどのように始まったのか？
> ② その症状はどう推移したのか？

また、問診から特徴的な症状が聴取されれば、病変部位の推測にも役立つ。これらの情報からも、病態の推測が可能である。

step 2　観察（動物に触らずに行う検査）

まず、診察室内での動物の行動や反応性、歩き方を少し離れたところから観察する。step 2は観察から得られる情報なので、動物に触らずに行う検査である。観察を行う目的は、病変部位を大まかに推測することである。

■ 観察のポイント
診察室という普段とは異なる環境において、動物が適切な行動や反応を示すかどうかを評価する。これにより、動物の精神状態や意識レベルを大まかに評価することが

第1部 総論

できる。大脳や脳幹に異常のある場合には、この時点で異常が見つかるかもしれない。

次に、動物の姿勢や動きを評価する。起立は可能か、姿勢は正常か、歩き方は自然か、などを観察する。たとえば前庭疾患や小脳疾患では、特徴的な姿勢が認められることがある。また、頸部の痛みを伴う疾患（例：頸部椎間板ヘルニア、髄膜炎）などでは、頸部を硬直させた特徴的な姿勢をとることが多い。

さらに、歩様の評価はとくに重要である。歩様の観察により、脳疾患なのか、脊髄疾患なのか、末梢神経または神経筋接合部疾患なのか、大まかな判断をすることができる。

step 3　神経学的検査（動物に触って行う検査）

step 3では、さらに病変部位を絞っていくことが目的となる。ここでようやく神経学的検査を行うことになる。step 3は脳神経検査、姿勢反応の検査、脊髄反射の検査などのいわゆる「神経学的検査」であり、動物に触って行う検査である。

■ 脳神経検査

頭蓋内病変が存在する症例では脳神経検査で異常が現れる可能性が高く、さらに、異常のある脳神経（第Ⅰ脳神経：CN 1〜CN12）から病変部位の推測が可能である。

■ 姿勢反応の検査

姿勢反応の検査は、歩様検査では検出できなかったわずかな異常を検出することができる感度の高い検査である。歩様検査とは異なり、1肢ずつ検査ができるため、前後肢または左右肢の異常に差があるか否かを見極めることができる。ただし、姿勢反応の検査では多くの神経経路を検査しているため、病変の局在を正確に決定することはできないという点に注意すべきである。

■ 脊髄反射の検査

脊髄反射の検査は前肢および後肢の脊髄反射弓を検査するもので、脊髄の病変部位の推定に用いられる。上位運動ニューロン障害で認められる反射の亢進、下位運動ニューロン障害で認められる反射の消失などの所見から、病変部位があると推測される脊髄分節を決定することができる。

■ 病態に関するヒント

step 3では、病態に関するヒントも得られることがある。症状および神経学的検査によって明らかとなった異常が、1つの病変により説明可能かどうかを考える。もしすべての異常が1つの病変（例：左側前脳の病変）により発生し得るのであれば、その病変は限局性（focal）と考えられる。一方、1つの病変では説明できない異常が現れている場合には、病変は多巣性（multifocal）またはびまん性（diffuse）と考えることができる。

step 1〜3　ピースを集めてパズルを完成させる

3つのステップによりさまざまなデータがそろったら、次はこれらを総合的に考え、診断を下す。または、さらなる検査のプランを立てる。つまり、集めたピースを使ってパズルを完成させる作業である。この作業を苦手とする人が多いが、系統立てて検査を進めていけば、それほど困難な作業ではない。

ここで考えることは2つある。まずは病態（何？）であり、次に病変部位（どこ？）である。病態については、step 1で得られた情報が重要になる。つまり、年齢から疑われる病態または発症様式と、経過から疑われる病態がカギとなる。さらに、step 3で解説したように、神経学的異常を起こし得る病変のタイプ（限局性、多巣性、びまん性）によって、どの病態が強く疑われるかを考えることができる。病変部位については、step 2の観察で大まかな病変部位を推測し、step 3の神経学的検査で疑われる病変部位をさらに絞り込んでいく。ここまでの時点で神経組織の「どこ（例：左側大脳）に何（例：限局性の腫瘍性病変）があるのか」、だいたい見えてく

るはずである。

CT検査やMRI検査

高次画像検査の必要性

　神経疾患の場合、CT検査やMRI検査などの断層診断が必要になることが多いのは事実である。しかし、診察している症例に対して、このような高次検査が本当に必要なのかどうかをまず考える必要がある。神経組織に異常があるのは明らかであっても、CT検査やMRI検査で病変をとらえることができない疾患は少なくない。

　たとえば、脳や脊髄の変性性疾患の多くは、疾患特異的な異常を画像でとらえることができない。このような症例では、断層診断（CT検査やMRI検査）よりも異常タンパクの検出、髄液の分析、（遺伝的要因が関係していれば）遺伝子検査などを行うほうが有益であるかもしれない。また、末梢神経障害や神経筋接合部疾患においては、断層診断で病変を描出できない可能性が高く、そのほかの検査（例：電気生理学的検査）を用いたほうが診断精度は高いと思われる。あるいは、断層診断を行っても治療方針が変わらない場合にも、断層診断のメリットは小さいだろう。

機能的異常と画像検査所見の整合性

　CT検査やMRI検査を実施する場合は、完成したパズルを最大限に利用することが重要である。疑われる病変部位および病態と画像検査所見を常に照らし合わせて診断を進めていく。**step 1～3**の検査ですでに「どこ」に「何（なに）」があるのか、ある程度の予測が立っているので、どの部位の撮像をすればよいかがおのずと決まる。また、得られた画像のどこに注目して読影すればよいのかが明確となる。ほんのわずかな変化が重要な画像検査所見となることもあるが、そのような場合は、自身の意識をそこに集中して読影しなければ、その異常をピックアップすることができない。系統的診断アプローチによって絞り込まれた病変部位と、画像検査によって得られた病変部位が一致すれば、確信をもって診断を下すことができる。このように、機能的異常と画像検査所見の整合性を常に評価することが重要である。

まとめ

　診断アプローチの全体的な流れと、step by stepにより情報を収集する方法をご理解いただけただろうか。また、それぞれのステップにおいて、どのようなことを明らかにする必要があるのかが明確になったと思う。慣れるまでは、各ステップを意識しながら検査を進めていくようにするとよい。すべてのステップを実施するのにかなりの時間がかかるが、数をこなせば効率よく検査を進めることができるようになり、どんどんスピードが上がるだろう。

本章のポイント
1. 神経疾患に対する診断の全体的な流れ
　　3つのステップにより、病変が「どこ」にあり、それが「何か」を考える
2. 3つのステップによるロジカルな診断アプローチ法
　　常に3つのステップで「病態」と病変の「局在」をロジカルに考える
3. それぞれのステップの目的
　　step 1で病態を推測し、**step 2**で大まかに、**step 3**で詳細に病変部位を考える

第1部 総論

第2章 step 1 問診から得られる情報

本章のテーマ
1. 病態は大きなカテゴリー（DAMNIT-V）で考える
2. まずシグナルメントから病態を考える
3. 発症と進行性のパターンは病態診断のカギになる

問診

第1章（→p.6～）では、神経疾患に対する系統的診断アプローチの全体像と3ステップによる診断アプローチを解説した。本章ではstep 1（動物がいなくてもできる検査）として、問診から得られる情報について解説する。

問診の目的

step 1（問診）の目的は病態を考えることである。いきなり病名を考えるのではなく、もっと大きなカテゴリー（病態）で考えていく。

症例の病態を考えるうえで、DAMNIT-Vと呼ばれる疾患の分類法が役立つ。DAMNIT-Vとは、変性性（D）、奇形・先天性（A）、代謝性（M）、栄養性・腫瘍性（N）、特発性、感染性または炎症性（I）、外傷性・中毒性（T）、血管性（V）といった各病態の頭文字をとったものである（表2-1）。DAMNIT-Vを使って鑑別診断を進めるためには、シグナルメント（個体情報）と問診の情報が重要になる。得られた情報からどの病態に当てはまるのかを考えることで、鑑別診断リストを作成することができる。

シグナルメントから得られる情報

シグナルメントとは、動物の年齢、動物種、品種、性別のことを指す。これらは新規の症例に対して集める情報の一部なので、動物が診察室に入る前から得ることができる。

年齢

■ 若齢動物

神経疾患以外の疾患でも同様だが、若齢動物では先天性疾患や遺伝性疾患に罹患する可能性がほかの年齢層の動物に比べると高い傾向がある。また、若齢動物は炎症性疾患の罹患率も高く、炎症の原因として感染症（感染性疾患）と免疫に関連した要因（免疫介在性疾患）が挙げられる。ペットフードの質が向上した今日では、栄養性疾患は少なくなったが、もしも偏った食事を与えられていれば、関連する症状が比較的若齢のうちに発現すると思われる。

3ステップによる診断アプローチ
- **step 1** 問診（動物がいなくてもできる検査）
- **step 2** 観察（動物に触らずに行う検査）
- **step 3** 神経学的検査（動物に触って行う検査）

■ 老齢動物

　一方、老齢動物では、よく知られている通り、腫瘍性疾患や血管性疾患が多い傾向にある。また、代謝性疾患は、おもに腹部臓器の機能異常によって二次的に現れる、神経症状を示す疾患のことを指す。たとえば、肝性脳症や高窒素血症による発作である。これらは高齢動物においてみられることが多いが、先天性疾患により生じることもあるため（例：門脈体循環シャント）、若齢動物にも起こり得る。変性性疾患も通常は老齢動物において認められるが、同様に先天性の要因が関係する場合（例：ある酵素欠損によるライソゾーム病）は若齢動物においても発生する。したがって、代謝性疾患や変性性疾患などは年齢に関係なく発生するが、前述の理由から、発生のピークは二峰性（ごく若い時期あるいはかなり高齢期）を示すのが典型的である。年齢層に関係なく発生するそのほかの病態には、外傷性疾患と中毒性疾患がある。年齢別の鑑別診断リストを**表2-2**に示す。

動物種・品種

　神経疾患では、多くの疾患において好発品種が存在する。たとえば、後肢が麻痺したダックスフンドが来院すれば、まず「椎間板ヘルニア」が頭に浮かぶことだろう。同様に、ほかの犬種に対してもできるだけ多くの好発疾患を覚えておくと、診断の際に役立つ。これは、とくに診断に行き詰まったようなときに助けとなるため、診断がうまく進まないときなどは、成書に掲載されている表（多くは巻末に載っている）を参考にすればよいだろう。

性別

　性別に関しては、性染色体に関連した遺伝性疾患などの特別な例を除き、神経疾患であまり意識することはないだろう。ただし、避妊・去勢手術の実施の有無は聴取しておく。

表2-1　DAMNIT-V

疾患分類	シグナルメント	臨床経過（ヒストリー）
Degenerative（変性性）	病態によりさまざま	慢性進行性
Anomalous（奇形・先天性）	若齢動物	病態によりさまざま
Metabolic（代謝性）	病態によりさまざま	発作性
Nutritional（栄養性）	若齢動物	慢性進行性
Neoplastic（腫瘍性）	ほとんどは成熟動物	急性または慢性進行性
Idiopathic（特発性）	病態によりさまざま	急性で散発性
Infectious／Inflammatory（感染性／炎症性）	若齢動物に多い	急性または慢性進行性
Traumatic（外傷性）	どの年齢でも発生する	急性非進行性または自然回復
Toxic（中毒性）	若齢動物に多いが、どの年齢でも発生する	急性非進行性または進行性
Vascular（血管性）	成熟動物	急性非進行性または自然回復

表2-2　各年齢層において発生しやすい病態

年齢層	発生しやすい病態の例
若齢動物	感染性疾患、炎症性疾患、奇形・先天性疾患、遺伝性疾患、栄養性疾患
老齢動物	腫瘍性疾患、変性性疾患、代謝性疾患、血管性疾患
あらゆる年齢層	変性性疾患、代謝性疾患、中毒（異物の誤食：年齢は関係なく性格による）、外傷性疾患

第1部 総論

ヒストリーから得られる情報

　ヒストリーからは、病態に関するヒント（病態診断）と病変部位に関するヒント（局在診断）の両方が得られる。本章では、ヒストリーからどのように病態を考えていくかを解説していく。なお、局在診断については、次章以降（→p.19～）で解説する。

主訴・現病歴

■ 発症と進行性のパターンから病態を考える

　現病歴を聴取する際に重要なことは、「症状がどのように発現し、どのように経過したか」ということである。つまり、発症のパターンと進行性のパターンから病態を考えていく。発症のパターンは甚急性、急性、慢性に、また、進行性のパターンは進行性、非進行性、発作性に分けることができる。それぞれの病態において、発症と進行性のパターンには特徴があるので、これをもとにどの病態が最も強く疑われるのかを考えることができる（図2-1、表2-3）。

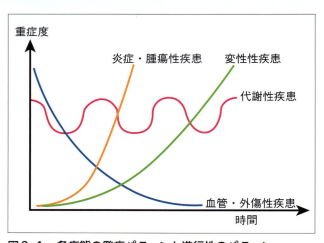

図2-1　各病態の発症パターンと進行性のパターン
Platt S., Olby N. ed., *Manual of canine and feline neurology*（3 rd ed.）, 2013 より引用・改変

表2-3　各病態の発症パターンと特徴

病態	発症パターン	一般的な特徴
変性性疾患	慢性進行性	◆ 潜在的に進行し、発症後も慢性的に悪化する ◆ 徐々に症状が現れ、確実に進行していく ◆ 症状の悪化は（原因にもよるが）、月～年単位で認められる
奇形・先天性疾患	慢性進行性 急性進行性 発作性	神経組織自体に生じる奇形（脳や脊髄の低形成など）　◆ 比較的ゆっくりと発症する　◆ 症状は慢性的に進行するか、一定の症状が発現した後は進行しない 周囲組織に生じた奇形に続発する神経疾患　◆ 比較的急性に発症する　◆ 経過は進行性や発作性など、さまざま
代謝性疾患	発作性	◆ 症状は重度になったり軽度になったりを繰り返す ◆ 症状は血液学的な異常に伴って現れることが多いため、発作性の発症パターンを示す
腫瘍性疾患	急性～慢性進行性	◆ 腫瘍の増大に伴って進行性の経過をたどる ◆ 進行の速さは腫瘍の種類や発生部位によって異なるが、一般的には週～月単位で進行する ◆ 急性～慢性経過を示すことが多い
炎症性疾患 感染性疾患	急性進行性	◆ 炎症性疾患（なかでも感染性疾患）であれば、通常は急性に発症し、その後進行する ◆ 進行の速さは一般的に日～週単位
外傷性疾患 血管性疾患	甚急性非進行性 もしくは回復	◆ 外傷性疾患と血管性疾患の発症パターンは類似する ◆ 甚急性（あっという間）に発症し、その後、症状は一定（非進行性）か時間の経過とともに改善する

その他のヒストリー

既往歴、食事歴、予防歴、家族歴、飼育歴（飼育環境）、治療歴などのヒストリーは確認するのを忘れてしまいがちな項目だが、診断において大きなヒントが隠されていることもあるため、ルーチンに確認しておきたい。各項目からわかることを**表2-4**にまとめる。

その他の重要な情報

step 2、step 3から得られる情報も加え、病態を考える際には、さらに次のような情報が役立つ。

■ 疼痛の有無

疼痛の有無を評価することは重要である。神経組織（脳、脊髄、神経線維）自体には痛みのレセプターは存在しない。しかし、神経組織を覆っている髄膜は痛みに対してとても鋭敏である。神経疾患で認められる疼痛は、髄膜に加わる刺激により生じることが多く、その原因としては圧迫や炎症が考えられる。痛みを生じる病態は、「NIT」（つまり腫瘍性、炎症性、外傷性疾患）に絞られる。

■ ステロイド薬への反応性

神経疾患に対して試験的にステロイド薬を投与することは多いが、ステロイド薬への反応性は、鑑別診断を行ううえでヒントとなる場合がある。神経組織に対するステロイド薬のおもな効果は、抗浮腫作用と抗炎症作用である。

表2-4　ヒストリーから得られるヒント

ヒストリー	得られるヒント
既往歴	代謝性疾患
食事歴	栄養性疾患、代謝性疾患
予防歴	感染性疾患
家族歴	遺伝性疾患
飼育歴（環境）	誤食、中毒、感染性疾患

例
◆ 先天的な小脳の形成不全 歩行が始まる時期から症状が現れ始めるが、その後、症状は進行しない （脳の代償機能により、むしろ動物は症状に適応していく）
◆ 脊椎の形成異常に続発する神経疾患
◆ 低血糖発作 低血糖が起きているときだけに症状が発現し、血糖値が正常化されれば発作は消失する
◆ 脳腫瘍 比較的甚急性に症状の悪化が認められることがある。これは頭蓋内の占拠性病変に対し、一定期間は脳の代償機能がはたらくため症状が顕在化しないが、腫瘍がさらに増大し脳の代償機能が破綻すると、急に症状が発現したように見えることがあるからである ◆ 腫瘍の血管の破綻による頭蓋内出血や脳ヘルニア 急性に症状が発現することがある
◆ 非感染性の炎症性疾患（つまり免疫介在性疾患） 発症パターンと経過は感染性疾患と類似するが、疾患によっては、日ごとに症状の程度に波が認められる（代謝性疾患ほどの変動はない）。免疫の状態は種々の要因によって影響を受けるため、症状もそれに伴って増悪あるいは軽減するのかもしれない
◆ 交通事故による脊髄損傷（外傷性疾患） ◆ 脳梗塞（血管性疾患）

第1部 総論

もしステロイド薬が著効したということであれば、圧迫、炎症性、腫瘍性などの疾患群が疑わしいと考えられる。感染性疾患ではステロイド薬の使用は基本的には禁忌だが、実際には初期にステロイド薬を投与することによって、症状の改善を認めることがある。しかし、長期間投与すると症状は悪化していく。

■ 症状の左右差

症状や神経学的検査所見において、左右差があるかを評価する。左右差の程度は次の3つに分類でき、それぞれの場合で次のような病態を疑うことができる。

① **はっきりとした左右差がある**
　　⇒ 血管性疾患
② **やや左右差がある**
　　⇒ 腫瘍性、炎症性、外傷性、奇形性疾患
③ **まったく左右差がない**
　　⇒ 変性性、代謝性、栄養性疾患

■ 病変分布

前章のstep 3（→p.8）で概説した通り、神経学的検査の結果から、病態を推測することができる。つまり、認められた異常が1つの病変により説明することができるか否かにより、病変の性質（限局性、多巣性、びまん性）を考え、そこから病態の推測を行う。

このように、問診からシグナルメントとヒストリーを詳細に把握し、DAMNIT-Vを考えることで、病態の鑑別診断リストをかなり絞ることができる（図2-2）。つまり、動物に触る前から病態をある程度予測することが可能なのである。

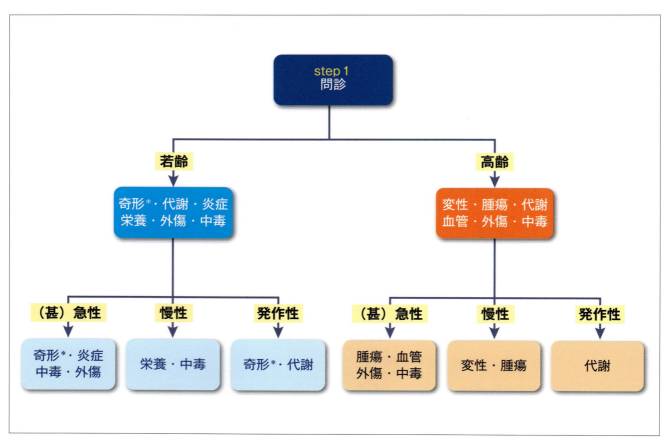

図2-2　step 1における病態診断のフローチャート
＊奇形・先天性疾患

まとめ

　シグナルメント、主訴、ヒストリーから、「病態」に関するヒントを数多く得られるということを理解していただけただろうか。動物を診察室に入れる前に、まずは問診票のシグナルメントをよく見てほしい。次に、問診から得られた情報とあわせて、最も強く疑われる病態を考えてみよう。大まかに病態がみえてくれば、この先のアプローチがぐっと楽になるだろう。

> **本章のポイント**
>
> **1** 病態は大きなカテゴリー（DAMNIT-V）で考える
> 　いきなり病名を当てようとせずに、まずは大きなカテゴリーを考える
>
> **2** まずシグナルメントから病態を考える
> 　とくに年齢は重要で、年齢から疑うべき病態の優先順位が決まる
>
> **3** 発症と進行性のパターンは病態診断のカギになる
> 　各病態の特徴的な発症と進行性のパターンを理解すると、疑うべき病態がさらに見えてくる

症例 1

図2-3　症例1（動画1）

シグナルメント

ミニチュア・ダックスフンド、雄、9カ月齢

主訴

四肢のふらつき

ヒストリー

現病歴　飼育開始（4.5カ月齢）の2週間後にキャンと鳴いて倒れ、それ以降にも週に数回、同様の症状があった。その後は一般状態が良好だったが、よろめきながら歩いている。10日前にも倒れて四肢をピクピクさせていた

既往歴　とくになし

食事歴　子犬用市販ドライフード

予防歴　混合ワクチンは接種済み、フィラリア予防は実施している

家族歴　不明

飼育歴（飼育環境）　屋内飼育

治療歴　10日前からステロイド薬により治療し、症状は改善した

観察および神経学的検査

表2-5　症例1の観察および神経学的検査所見

項目	所見
意識状態	◆ 清明（正常）
観察	◆ 歩行可能、四肢のふらつきがみられる
脳神経検査	◆ 異常なし
姿勢反応	◆ 四肢：すべての姿勢反応は低下
脊髄反射	◆ 異常なし
痛覚	◆ 四肢とも表在痛覚あり

まず考える病態

生後約5カ月から症状が現れているので、まずは若齢動物に好発する病態を考える。若齢動物に好発する病態は、先天性（奇形性、遺伝性）、炎症性（感染性を含む）、栄養性疾患の3つである。

- ◆ 先天性疾患
- ◆ 炎症性疾患
- ◆ 栄養性疾患

また、どの年齢層でも起きる疾患（代謝性、外傷性、中毒性疾患）も考慮する。

- ◆ 代謝性疾患
- ◆ 外傷性疾患
- ◆ 中毒性疾患

発症のパターンと進行性のパターン

次に、主訴とヒストリーをもとに病態を絞っていく。本症例の症状は急性に発現しているが、発症のパターンは発作性である。

鑑別診断と必要な追加検査

前述の病態のうち、若齢動物において発作性のパターンを示す可能性が高いのは、先天性（とくに奇形性）、代謝性疾患である。さらに、急性発症パターンがみられることから、炎症性疾患と外傷性疾患も鑑別診断リストに加えておく。なお、飼育環境から、栄養性疾患と中毒性疾患は除外した。

- ◆ 先天性疾患（とくに奇形性疾患）
- ◆ 代謝性疾患
- ◆ 炎症性疾患
- ◆ 外傷性疾患

また、本症例において「キャンと鳴いて倒れた」というヒストリーは重要である。おそらく「痛みがある病態」が考えられるので、NIT（→p.13）のいずれかであることが疑われる。これらの鑑別診断に必要な検査は、血液検査およびX線検査である。

- ◆ 血液検査（代謝性疾患の鑑別）
- ◆ X線検査（奇形性疾患、外傷性疾患の鑑別）

追加検査所見

血液検査では異常は検出されなかったため、代謝性疾患は除外された。また、四肢のふらつきが認められたため頸部の異常を疑い（局在診断は次章以降を参照）、次にX線検査を実施した。頸椎のX線検査では軸椎歯突起の形成不全が確認され（図2-4）、その後のCT検査（図2-5）で軸椎の歯突起に癒合不全が認められた。

診断

環軸椎不安定症

本症例の根本的な原因は奇形であるが、脊髄には外傷性の障害（亜脱臼時の圧迫）が加わっていると考えられる。シグナルメントとヒストリーが病態をよく反映している例である。さらに本症例では、ヒストリーに「痛み」が認められていた。これは、亜脱臼時に髄膜に加わった圧迫が痛みの原因であった可能性が高いと考えられる。

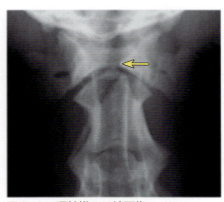

図2-4 環軸椎のX線画像
VD像。軸椎の歯突起が観察されない（→）ことから、歯突起の形成不全が疑われる。

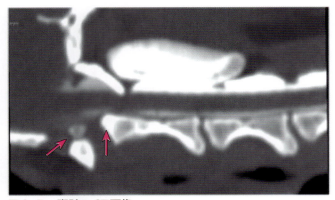

図2-5 脊髄のCT画像
造影後のCT矢状断像。軸椎の歯突起は癒合不全を示している（→）。この姿勢では、脊髄の背側が環椎により圧迫を受けている。

第1部 総論

第3章 step 2 観察から得られる情報①

本章のポイント
1. 観察から得るべき情報を理解する
2. 観察から大まかな局在診断ができるようになる

観察

本章ではstep 2として「動物の観察」、すなわち動物に触らずに行う検査について解説する。なお、動物の観察においては歩様検査も観察の一部であるが、歩様検査については次章（p.27～）で解説する。

動物の観察からは多くの情報が得られるが、最大の目的は「大まかな局在診断」である。はじめに前章で解説したstep 1から疑われる病態を考え、次にstep 2である症例の観察から、病変のおおよその局在を考える。

観察の目的

観察の目的は大まかに病変部位を推測することである。なぜ最初に大まかに病変部位を推測するかといえば、最も効率よく診断を下したいからである。つまり、スタートからゴールまでを最短距離でたどり着くためである。そうすることでむだな検査を減らすことができ、時間的・経済的節約、そして、何よりも動物の負担軽減につながる。

病変は頭蓋内？　頭蓋外？

神経疾患が疑われたら、まず、病変が存在するのは「頭蓋内」か「頭蓋外」かを考える。頭蓋内すなわち脳疾患が存在する症例では、意識状態や行動の変化を伴うことが多い。そのため、step 2では、観察によってこれらを示唆する異常が認められるかどうかが重要なポイントになる。また、頭蓋内疾患では脳神経の異常が認められることがあり、意識状態や行動の変化を伴う場合には、頭蓋内疾患を強く疑う根拠になる。観察によって評価できる脳神経の異常を**表3-1**に示す。

意識状態および脳神経に異常が認められない場合には、異常は頭蓋外にある可能性が高いと考えられる。頭蓋外の神経は、脊髄と末梢神経に分けられる。また、頭蓋外疾患において最も多くみられる異常は、歩行障害である。本章で解説する「観察」と次章で解説する「歩様検査」から「大まかな局在診断」を行い、step 3ではさらに「細かい局在診断」へと進んでいく。

3ステップによる診断アプローチ

- **step 1** 問診（動物がいなくてもできる検査）
- **step 2** 観察（動物に触らずに行う検査）
- **step 3** 神経学的検査（動物に触って行う検査）

第1部 総論

表3-1 観察所見が示唆する脳神経（cranial nerve：CN）の異常

観察所見	異常が疑われる脳神経
家具や障害物にぶつかる	視神経（CN 2）
斜視	動眼神経（CN 3） 滑車神経（CN 4） 外転神経（CN 6）
瞳孔不同*	動眼神経（CN 3）
咀嚼筋の萎縮	三叉神経（CN 5）
下顎の下垂	三叉神経（CN 5）
ドライノーズ	顔面神経（CN 7） 三叉神経（CN 5）
ドライアイ	顔面神経（CN 7） 三叉神経（CN 5）
表情筋の下垂	顔面神経（CN 7）
捻転斜頸	前庭神経（CN 8）
眼振	前庭神経（CN 8）

＊動眼神経麻痺（罹患側が散瞳）または交感神経麻痺（罹患側が縮瞳）により生じる

観察のコツと確認するべきポイント

　動物の観察は、動物が診察室に入ってきた時点で始まる。動物の行動や反応性、意識状態、姿勢などを観察するが、慣れてくれば飼い主からヒストリーを聴きながら観察を行うことができる。行動や意識状態に異常のある動物を見れば、だいたいの人はその動物が「おかしい」ことはわかるだろう。ここで重要なのは、どのように「おかしい」のかを適切な用語を用いて、客観的に表現できるということだ。これは、異常を客観的に評価できなければ、適切な診断プランを立てることができないからである。「なんとなく、おかしい」では、進路が明確にならない。

　観察を行う際には、まずは少し離れたところから動物を見るとよいだろう。はじめは小さな異常にとらわれず、動物の意識状態、行動、反応性、姿勢などを大まかに評価する。診察台の上では動物は緊張するため（これが正常な反応）、行動や反応性を正しく評価できないことがある。また、はじめはなるべく動物を診察台に乗せず、床の上で（可能ならリードを外して）行動を観察する。次に、観察のポイントを示す。

意識状態

　意識状態は、清明、傾眠、昏迷、昏睡などに分類することができる（**表3-2**）。正常な意識状態は、脳幹に存在する上行性網様体賦活系（ascending reticular activating system：ARAS）と前脳（大脳と間脳）によって維持されている。したがって、意識状態の異常が認められれば、脳幹または前脳の異常を示している可能性が高いと考えられる。傾眠の動物では呼びかけや周囲環境への反応が鈍く、いわゆる「沈うつ」な状態になるが、採食、飲水、歩行などは可能であることも多い（**図3-1**、

表3-2 意識状態の分類

清明	正常：機敏で、環境刺激（光、音など）に対して正常な反応を示す
傾眠	沈うつ：意識レベルの低下。環境刺激に対する反応が鈍い
昏迷	意識の消失：環境刺激には反応せず、侵害刺激には反応する
昏睡	意識の消失：環境刺激にも侵害刺激にも反応しない

図3-1　意識レベルの低下（動画2）
環境刺激への反応性が鈍い。歩行は可能だが、左側へ旋回する傾向がある。観察から、大脳の異常が疑われる。本症例の診断は、肉芽腫性髄膜脳炎であった。

図3-2　昏迷
環境刺激への反応性は消失し、異常な姿勢を示している。

図3-3　視覚の評価（動画3）
本症例は体の右側に存在する障害物にぶつかってしまうため、右側の視覚障害が疑われる。

動画2）。さらに意識状態が低下すると昏迷や昏睡となり、起立もできない状態になる（**図3-2**）。ただし、意識状態の異常は重度の全身性疾患においても認められることがあるため、注意が必要である。

行動

診察室内での動物の行動や反応性を観察する。診察室という普段とは異なる環境で、適切な行動や反応を示すかどうかを評価する。異常な行動にはさまざまなものが含まれるが、よくみる異常として徘徊、旋回、ヘッドプレス（壁の角に頭を押しつける行動）などがある。これらの行動は前脳の異常により出現することがある。常に旋回をしていない場合には見逃されることがあるので、注意深い観察が必要である。さらに、動物が方向転換をするときに常に決まった方向へ回ることはないか、などを観察する。

視覚

行動の観察と同時に視覚の評価を行うことができる。視覚が低下すると、「物にぶつかる」「段差から落ちる」などの症状が現れることがある。これらの症状は、自宅などの慣れた環境では明確に観察されないことがあり、飼い主が気づかないことがある。一方、診察室は動物にとって慣れない場所であるため、視覚を評価するのに都合のよい環境といえる。診察台、壁、椅子などにぶつからずに歩行することが可能かどうかを観察すれば、大まかに視覚の評価をすることができる（**図3-3、動画3**）。

体位、姿勢

起立は可能か、頭位は正常か、体幹の位置は正常か、四肢の位置は正常かなどを評価する。慣れない診察台の上では硬直してしまい、自然な姿勢を示さないことも多いので、動物をなるべく床に降ろして観察する。姿勢から、大まかな病変部位を推測できる。たとえば、捻転斜頸や開脚姿勢（wide-based stance）が認められる場合は、前庭機能の障害が疑われる（**図3-4、動画4**）。頸部痛

第1部 総論

図3-4　捻転斜頸と開脚姿勢（動画4）
右側への捻転斜頸、開脚姿勢、右側旋回からは平衡感覚の障害が疑われる。本症例は、末梢性前庭障害による平衡感覚の障害と考えられた。

図3-5　左側の側頭筋の萎縮
左側の三叉神経麻痺が疑われる。

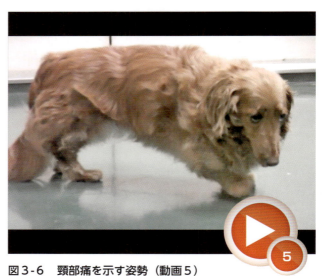

図3-6　頸部痛を示す姿勢（動画5）
頸部を硬直させ、旋回時にも頭位を固定している。上を向くと痛みが生じるために、常に頭位を下げた姿勢を維持している。観察から、重度の頸部痛があることが推測できる。本症例の診断は、頸部椎間板ヘルニアであった。

があれば、頸部の硬直姿勢が認められることがある。また、腹部痛や背部痛があれば、背弯姿勢が認められることがある。

外貌

顔面、体幹、四肢の筋肉の萎縮（廃用性筋萎縮や神経原性筋萎縮）や麻痺による非対称性について評価する。たとえば、顔面と頭部の筋肉は顔面神経と三叉神経により支配されており、これらの神経に機能障害が生じると、表情筋の麻痺（顔面の筋肉の下垂）や側頭筋および咬筋の萎縮が起こる。顔面を正面から見て、表情筋の対称性や側頭筋および咬筋の萎縮を評価する（図3-5）。

不随意運動

顔面、体幹、四肢、眼球の不随意運動を評価する。不随意運動は、意図せずに生じる運動である。ミオクローヌス、振戦、動揺（頭部、体幹）、痙攣などについて評価する。眼球の不随意運動は眼球振盪（眼振）と呼ばれ、急速相と緩徐相を伴う律動性眼振と、振子のように同じ速度で往復運動を示す振子眼振がある。また、眼球の動きの方向により水平性眼振、垂直性眼振、回転性眼振に分類される。

痛みのサイン

痛みを伴う疾患では、行動、姿勢、反応性、歩様などに異常が現れることがある（歩様については次章→p.27〜参照）。第2章（→p.13）で解説したが、痛みの評価は病態の推測にも役立つので、重要な観察ポイントである。行動の変化としては、活動性の低下や性格の変化（とくに攻撃性の増大）が挙げられる。痛みが重度であれば、動物は痛みが生じない姿勢を維持しようとするため、しばしば硬直したような姿勢を示す。

頸部の痛みでは、頸部を硬直させ、周囲を見回すとき

に眼球だけを動かしたり、方向転換する際も頸部を固定したまま旋回したりする（**図3-6**、**動画5**）。また、胸腰部の痛みでは、背弯姿勢がみられることがある。腰仙部の痛みでも背弯姿勢がみられ、座る際はゆっくりとした動作を示すことがある。その他、神経根の痛みによる神経根徴候（root signature）では跛行や肢の挙上が認められることがあり、これらは大まかな局在診断に有用な所見である。

まとめ

系統的診断アプローチのstep 2において、どのような点に注目して動物を観察すればよいか、理解していただけただろうか。step 1のシグナルメントとヒストリーから得られる情報により病態を考え、step 2の観察から得られる情報によって、おおよその病変部位を推測することができる。

> **本章のポイント**
>
> **1** 観察から得るべき情報
> 観察では、反応性、行動、姿勢、痛みのサインなど、多くの項目を評価する。これらの情報は、大まかな局在診断に役立つ
>
> **2** 観察からできる大まかな局在診断
> いくつかの特徴的な観察所見がそろえば、病変の局在が「頭蓋内」か「頭蓋外」かの大まかな判断は可能である

第1部 第3章

症例2

図3-7 症例2（動画6）

シグナルメント

フレンチ・ブルドッグ、雌、
6歳9カ月齢

主訴

頸部痛、起立不能

ヒストリー

現病歴	2カ月ほど前に突然、元気および食欲が低下した。頸部痛がみられたため、紹介元病院にて、ステロイド薬、抗菌薬、ビタミン剤を投与された。翌日には元気および食欲は戻ったが、数日後に再び頸部を痛がるようになった。また、徐々に段差を上れなくなり、つまずくようになった。1週間前からは起立不能となり、尿が漏れる
既往歴	アレルギー
食事歴	不明
予防歴	9種混合ワクチンと狂犬病ワクチンは接種済み、フィラリア予防は毎年実施している
家族歴	不明
飼育歴（飼育環境）	室内飼育
治療歴	ステロイド薬の投与により一時的に症状の改善がみられたが、再び悪化した

観察および神経学的検査

表3-3 症例2の観察および神経学的検査所見

項目	所見
意識状態	◆ 清明（正常）
観察	◆ 横臥姿勢 ◆ 歩行不能 ◆ 頸部の硬直
脳神経検査	◆ 異常なし
姿勢反応	◆ 四肢で消失
脊髄反射	◆ 四肢でやや亢進
痛覚	◆ 四肢すべてに表在痛覚あり

まず考える病態

本症例は比較的高齢なので、腫瘍性、変性性、代謝性、血管性、外傷性、中毒性疾患が考えられる。

- ◆ 腫瘍性疾患
- ◆ 変性性疾患
- ◆ 代謝性疾患
- ◆ 血管性疾患
- ◆ 外傷性疾患
- ◆ 中毒性疾患

発症のパターンと進行性のパターン

主訴とヒストリーから、症状は2カ月ほど前から現れており、徐々に進行していることがわかる。したがって、発症と進行のパターンは慢性進行性と考えることができる。

観察からわかること

本症例の周囲への反応性は正常に認められるため、意識状態は清明(正常)と判断される。また、頸部の硬直姿勢がみられるため、強い頸部痛が存在すると考えられる。**動画6**では確認できないが、本症例は起立不能であり、四肢は不全麻痺を呈していた。これらの観察所見から、病変は頭蓋外にあると考えられる。さらに、頸部痛と四肢不全麻痺から、頸髄の異常が強く疑われる。

- ◆ 意識状態は清明
- ◆ 強い頸部痛 ┐ 病変は頭蓋外?
- ◆ 四肢の不全麻痺 ┘
  → 頸髄の異常?

鑑別診断と必要な追加検査

疑われる前述の病態のなかで慢性進行性パターンを示すのは、腫瘍性疾患と変性性疾患である。しかし、変性性疾患は通常は痛みを伴うことはない。このため、本症例は腫瘍性疾患の可能性が高いと考えられる(痛みを伴う病態はNIT→p.13参照)。また、飼育環境が屋内であり、毒物や薬物との接触がないため、中毒性疾患は除外した。さらに、血液検査およびX線検査での異常がみられなかったことからも、代謝性疾患および外傷性疾患は除外した。

- ◆ 腫瘍性疾患 ┐ 慢性進行性パターン
- ◆ 変性性疾患:痛みは伴わない ┘
- ◆ 血管性疾患
- ◆ 代謝性疾患 ┐ 血液検査・X線検査の異常なし
- ◆ 外傷性疾患 ┘
- ◆ 中毒性疾患:問診から除外

観察から病変部位は頭蓋外と考えられ、さらに頸部の硬直と起立不能(四肢の不全麻痺)が認められたことから、大まかな局在は頸部脊髄と考えられる。病変の局在をさらに詳しく調べるために、次に神経学的検査を実施し、さらに画像検査が必要と考えられる。

追加検査所見

頸部のMRI検査において、左側第2頸髄神経の腫瘍が疑われた。腫瘍は脊柱管内に浸潤し、脊髄を重度に圧迫していた(**図3-8**)。

診断

末梢神経鞘腫瘍

図3-8　頸部のMRI画像
造影後T1強調画像。左側第2頸髄神経に形成された腫瘍（▷）が脊柱管内に浸潤し、脊髄を重度に圧迫している。末梢神経鞘腫瘍が疑われる。

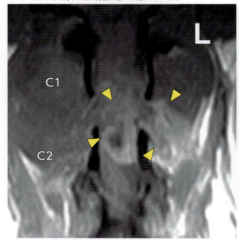
図3-8a　背側断像。

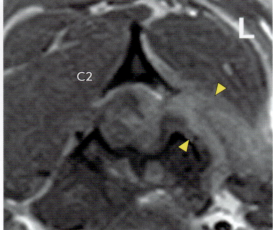
図3-8b　短軸断像。

第1部 総論

第4章 step 2 観察から得られる情報② ―歩様検査―

> **本章のテーマ**
> 1. 歩様検査から得るべき情報を理解する
> 2. 歩様検査から大まかな局在診断ができるようになる
> 3. 特徴的な歩様異常を覚える

歩様検査

前章ではstep 2の前半として、「観察」について解説した。本章はstep 2の後半の「歩様検査」がテーマである。歩様検査を含む観察によって得られる情報から、大まかな病変部位の推測が可能になる。神経疾患では歩様異常が現れることが多いため、歩様異常のタイプを手がかりに診断を進めることができる。しかし、歩様に異常が現れない神経疾患もある。その場合は逆に、歩様に異常がないことが局在診断のヒントになる。

歩様検査の目的

第3章の「観察」(→p.19～)と同様に、歩様検査の目的も大まかに病変の局在を推測することである。歩様検査から大まかな局在診断を行うためには、歩行のメカニズムを簡単に理解しておく必要がある。

■ 歩様異常の鑑別

正常な歩行運動を行うためには、2つの機能が正常である必要がある。2つの機能とは、「運動機能」と「感覚機能」である。肢の運動機能が障害されると、肢を動かすことができなくなる。この状態を「麻痺」と呼ぶ。一方、正常な運動を行うためには、さまざまな感覚情報が必要となる。これらの感覚情報が欠如すると、肢を動かすことはできても、正常な動きができなくなる。この状態を「運動失調」と呼ぶ。

歩様異常を示す動物では、麻痺と運動失調が同時に発現していることが多いが、病変の性質(局在、原因、重症度など)によって、麻痺が強く現れる場合、運動失調が強く現れる場合、または麻痺がみられずに運動失調だけがみられる場合などがある。したがって、歩様異常のタイプを鑑別することは、診断を進めるうえで非常に重要である。

■ 痛みの有無の評価

歩様検査のもう1つの目的は、痛みの有無を評価することである。痛みの有無を判断することにより、病態診断のヒントが得られる。第2章(→p.13)で解説したが、痛みが認められるのはNIT(腫瘍性、炎症性、外傷性疾患)である。

3ステップによる診断アプローチ

step 1	問診(動物がいなくてもできる検査)
step 2	観察(動物に触らずに行う検査)
step 3	神経学的検査(動物に触って行う検査)

歩様検査のコツ

歩様検査にはちょっとしたコツがある（**表4-1**）。まず、なるべく広い場所で行うことが重要である。診察室の中では動ける範囲が狭く、軽度な異常を見つけることは難しい。また、床はなるべく滑りにくい材質のほうが、歩様の正確な評価ができる。最も望ましいのは、病院の外に出ることである。アスファルトやコンクリートの上は滑りにくく、また、軽度なナックリングでも爪を地面に擦る音が確認されるため、非常にわかりやすい。猫の場合は、可能であれば診察室を自由に歩かせる。このときに、第3章（→p.20）で解説した行動や周囲環境への反応も評価することができる。

なお、犬のリードは飼い主に引いてもらうようにしたほうがよい。飼い主が犬を歩かせることにより、より自然な歩行の観察が可能になる。リードを引いて歩行させる場合には、真っすぐに歩かせるだけではなく、旋回（時計回りと反時計回り）をさせる。これは、直進はできても、決まった方向への旋回ができないことがあるからである。

表4-1　歩様検査のコツ

◆ 広くて滑らないところで行う（病院の外がベスト）
◆ 飼い主に犬を引いてもらう（自然な歩行が観察可能）
◆ 猫は、診察室内を自由に歩かせる
◆ 直進時および旋回時の歩様を観察する

歩様検査の見るべきポイント

歩様検査は、当然ながら歩行が可能でなければ実施できない。神経組織の異常により歩行が不可能な場合は、肢の麻痺や平衡障害などが原因であることが多い。しかし、神経組織以外の異常（例：整形外科疾患、痛み、衰弱）によっても歩行が不可能になることがあるので、これらの異常についても評価する必要がある。歩様異常が認められる場合には、まず次の3つのパターンに分けて考えるとわかりやすいだろう。

> ① 歩けるが、歩きたがらない
> ② 肢は動くが、正常に歩けない
> ③ 肢が動かない

① 歩けるが、歩きたがらない

動物が歩きたがらない原因として最も多いのは、痛みである。歩様検査では、「歩くのを嫌う」「すぐに座り込む」「ゆっくりとしか歩かない」、などが認められる。このような場合は、通常、歩幅は小さくなる。

動画7（**図4-1**）では、明らかに歩くのを嫌う様子がうかがえる。歩行は可能だが、背弯姿勢をとり、つま先立ちをしながら歩行している。また、ときどきうさぎ跳び歩様が観察される。**図4-1**の症例は、両側の股関節形成不全と診断された。本症例は股関節の痛みのため歩行を嫌い、体重が片側肢にかかるのを防ぐためにうさぎ跳び歩様を呈していたと考えられる。

次に、**動画8**（**図4-2**）を見ていただきたい。本症例は動作がゆっくりで、とくに座るときは非常に慎重に動いていることがわかる。さらに、背弯姿勢をとっていることから、腰背部の痛みがあることが疑われる。観察からは、尾が麻痺（だらりと虚脱）していることも確認される。これらの観察所見から、病変は馬尾を含んでいることが予想される。**図4-2**の症例の診断は、腰仙椎間の椎間板脊椎炎であった。

② 肢は動くが、正常に歩けない

肢は動くが正常に歩けないのは、「運動失調」の徴候である。つまり、歩行に必要な感覚機能の障害を呈していると考えられる。固有位置感覚は体の各部位の位置を認識するのに必要な感覚情報で、歩行においても重要である。固有位置感覚が障害を受けると、肢の位置がわからなくなり、ナックリングや肢の交差などの症状が現れる。

動画9（**図4-3**）を見ていただきたい。後肢はよく動いているが、動きがでたらめになっている。固有位置

第4章 step 2 観察から得られる情報② ―歩様検査―

図4-1　背弯姿勢と歩様異常（動画7）
股関節の痛みにより歩行を嫌い、すぐに座り込む。ときおり歩行時にうさぎ跳び歩様が認められた。本症例の診断は、両側股関節形成不全であった。

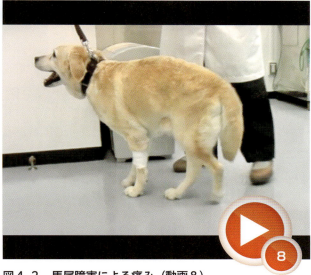

図4-2　馬尾障害による痛み（動画8）
背部の痛みのために背弯姿勢をとり、動きが緩慢である。本症例の診断は、腰仙椎間の椎間板脊椎炎であった。

感覚が障害されているために、犬は自身の肢の位置を正しく認識できていない。**図4-3**の症例は運動失調による歩様異常を示しているが、肢の麻痺は最小限である。本症例は、変性性脊髄症（degenerative myelopathy：DM）と診断された。

　頭部や体幹の固有位置感覚には、平衡感覚をつかさどる前庭器官が重要な役割を果たしている。平衡感覚も歩行に必要な感覚情報の1つである。平衡感覚の重度な障害ではバランスがとれず、正常に歩くことができなくなる（**動画4**→p.22参照）。このような症例では、通常は前庭障害のほかの症状（捻転斜頸、眼振、旋回など）も同時に現れるので、判断は比較的容易である。

図4-3　後肢の運動失調（動画9）
固有位置感覚の障害により、後肢のナックリングや交差がみられる。肢自体の動きは減弱していないため、顕著な麻痺は認められない。強い運動失調が現れているが、グイグイと歩き、痛みを呈さない疾患であることを示している。本症例の診断は、変性性脊髄症であった。

第1部 総論

③ 肢が動かない

　肢が動かないのは「麻痺」の徴候である。つまり、歩行に必要な運動機能の障害である。動物病院で最も多く遭遇するのは、椎間板ヘルニアによる後肢の麻痺だろう。椎間板ヘルニアでは、脊髄の圧迫が生じた結果、圧迫部位より尾側の運動が障害される。当然ながら感覚機能も障害を受けるが、麻痺が重度な症例ではそもそも肢が動かないので、運動失調が観察されなくなる。

　動画10（**図4-4**）の症例の歩様を観察すると、肢が十分に動いていないことがわかる。つまり、肢の麻痺を主徴とする歩様異常である。また、動きが緩慢であることから、痛みがあることもわかる。本症例の診断は、椎間板ヘルニアであった。

歩様の評価

　次にどのような歩様異常が認められるのか、具体的な異常を評価していく。**表4-2**に示すように、決まった項目について評価を行う。

図4-4　後肢の麻痺による歩行障害（動画10）
とくに右側後肢の運動は明らかに低下しており、不全麻痺を示している。動きが緩慢であり、痛みがあることが予想できる。本症例の診断は、椎間板ヘルニアであった。

表4-2　歩様検査の評価項目と異常所見

評価項目	異常所見の例
肢の動き	◆ 不全麻痺 ◆ 麻痺
肢の位置	◆ ナックリング ◆ 肢の交差 ◆ 肢の挙上
歩幅	◆ 測尺障害
協調性	◆ スキップ ◆ うさぎ跳び歩様
肢間	◆ wide-based stance
頭位	◆ low head carriage ◆ 捻転斜頸
姿勢	◆ 側弯 ◆ 背弯 ◆ 腹弯

局在診断に役立つ特徴的な歩様異常

　病変の部位または疾患によっては、非常に特徴的な歩様異常が現れることがある。これらの歩様異常を少し覚えておくだけで、診断に向かって大きく近づくことが可能となる。

前脳（大脳・間脳）病変による旋回

　前脳に病変のある症例では、旋回が頻繁に認められる。同じ旋回を示す前庭障害（**動画4**→p.22）と比較し、前脳病変によって現れる旋回は比較的大回りであることが特徴である。また、歩様自体に明らかな異常が認められず、歩行が無目的であることも前脳病変の特徴である（**図4-5**、**動画11**）。さらに、旋回の方向が前脳病変と同側であることも特徴の1つである（例：右側大脳の病変では時計回りをする）。第3章（→p.20）で解説したと

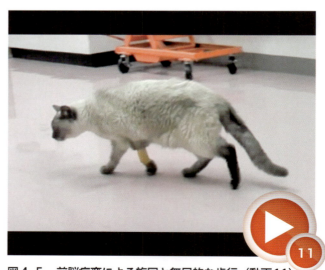

図4-5　前脳病変による旋回と無目的な歩行（動画11）
歩様自体には明らかな異常は認められない。歩行は無目的で、反時計回りに旋回する傾向がある。本症例は、左側大脳の腫瘍と診断された。

図4-6 小脳病変による測尺障害（動画12）
右側小脳の病変により、右側前後肢の測尺過大が認められる。平衡感覚障害もあるため、肢間幅が広い（wide-based stance）。本症例は、小脳の腫瘍と診断された。

図4-7 左側前肢の神経根徴候（動画13）
左側前肢を挙上し、負重を避けている。本症例は、左側腕神経叢の腫瘍と診断された。

おり、前脳の異常によって現れるほかの観察所見（意識状態や行動の変化）を伴う場合は、前脳の病変がさらに強く疑われる。

小脳病変による測尺障害

小脳には運動を円滑にする役割があるが、この機能が障害されると歩様にも異常が現れる。典型的な異常は測尺障害であり、ほとんどの場合は必要以上に大げさな動きをする測尺過大として現れる（**図4-6、動画12**）。

神経根病変による神経根徴候

神経根に病変が存在すると、痛みのために患肢の挙上や跛行が認められることがある（**図4-7、動画13**）。この症状は神経根徴候（root signature）と呼ばれている。神経根病変による肢の挙上や跛行は、整形外科疾患や骨関節組織を侵す腫瘍性疾患などで認められる症状と非常によく似ているので、注意が必要である（**図4-8、動画14**）。

ウォブラー症候群の2-engine gait

ウォブラー症候群（尾側頸部脊椎脊髄症：CCSM）では、2-engine gaitと呼ばれる特徴的な歩様を示すことがある。前肢は伸展した状態で歩幅が狭いのに対し、後肢は大股になり、前後肢間の協調性は失われる。前肢と

図4-8 左側前肢の跛行（動画14）
左側前肢の跛行がみられる。本症例は、左側肩甲骨の軟骨肉腫と診断された。

後肢が別々のエンジンで動いているように見えるため、2-engine gaitと呼ばれている。また、頭部を低い位置に保っている（low head carriage）のも特徴である（**図4-9、動画15**）。

第1部 総論

図4-9　ウォブラー症候群による2-engine gait
　　　　（動画15）
両前肢の歩幅は狭くなっているのに対し、両後肢の歩幅は広くなっている。また、頸部痛のために頭位を下げた姿勢をとっている（low head carriage）。

図4-10　馬尾障害による歩様異常と尾の麻痺
　　　　（動画16）
両後肢の随意運動が低下し、起立が困難である。尾は虚脱（麻痺）している。本症例は、馬尾周囲に発生したリンパ腫と診断された。

馬尾病変による尾の麻痺

　馬尾の異常では、尾の麻痺が頻繁に認められる（図4-10、動画16）。歩様異常は病変の位置や範囲、脊髄病変を伴うか否かなどにより変化する。また、馬尾の病変は強い痛みを伴うことが多いのも特徴である。

まとめ

　本章では、系統的診断アプローチstep 2の後半として「歩様検査」を解説した。うっかり忘れがちな歩様の観察だが、実に多くの情報を引き出すことができる。ここまでのstep 1、2で大まかな「病態」と「局在」が見えてきたことだろう。次章で解説するstep 3「神経学的検査」によって、さらに病変の局在を絞っていく。

本章のポイント
1. 歩様検査から得るべき情報
　歩様異常のタイプと痛みの有無の情報は、病態の把握に役立つ
2. 歩様検査から考える大まかな局在診断
　肢の動き、姿勢、行動の観察から大まかな局在診断が可能である
3. 特徴的な歩様異常
　疾患に特徴的な歩様異常を知っておくと診断の近道になる

症例3

図4-11 症例3（動画17）

シグナルメント

ミニチュア・シュナウザー、雄、7歳2カ月齢

主訴

前肢の挙上、元気・食欲の低下

ヒストリー

現病歴	突然、右側前肢を着地しなくなった
既往歴	とくになし
食事歴	市販ドライフード
予防歴	9種混合ワクチンと狂犬病ワクチンは接種済み、フィラリア予防は毎年実施している
家族歴	不明
飼育歴（飼育環境）	室内飼育
治療歴	なし

観察および神経学的検査

表4-3 症例3の観察および神経学的検査所見

項目	所見
意識状態	◆ 清明（正常）
観察	◆ 右側前肢の挙上、麻痺
脳神経検査	◆ 異常なし
姿勢反応	◆ 右側前肢：消失 ◆ ほか3肢：異常なし
脊髄反射	◆ 右側前肢：消失 ◆ ほか3肢：異常なし
痛覚	◆ 右側前肢：深部痛覚なし

まず考える病態

シグナルメントからは、本症例が比較的高齢であることがわかる。高齢動物に多い病態である腫瘍性、変性性、代謝性、血管性疾患を鑑別診断に挙げる。また、年齢層に関係なく発生する病態である外傷性、中毒性疾患も鑑別診断に含める。

> ◆ 腫瘍性疾患
> ◆ 変性性疾患
> ◆ 代謝性疾患
> ◆ 血管性疾患
> ◆ 外傷性疾患
> ◆ 中毒性疾患

発症のパターンと進行性のパターン

本症例の発症パターンは甚急性であり、進行性のパターンは非進行性と考えられる。

観察からわかること

本症例の意識状態は清明（正常）であり、周囲環境への反応性にも異常はないように見受けられた。歩様検査においては、右側前肢の重度のナックリングが認められ、負重することができなかった。なお、ほかの3肢には明らかな異常は認められなかった。

> ◆ 意識状態は清明（正常）
> ◆ 右側前肢の重度のナックリング
> ◆ ほか3肢は異常なし

鑑別診断と必要な追加検査

高齢動物において甚急性発症・非進行性パターンの病態で最も疑われるのは、**血管性疾患**である。外傷性疾患もこのパターンで現れることがあるが、本症例ではヒストリーと画像検査所見（X線検査および超音波検査）から、外傷性疾患の可能性は否定された。症状は右側前肢の麻痺のみが認められるので、単麻痺と判断できる。

> ◆ 高齢動物の甚急性非進行性パターン
> 　◆ 血管性疾患？
> 　　⇒ 出血性疾患と梗塞性疾患の鑑別
> 　◆ 外傷性疾患？：
> 　　ヒストリーと画像所見より除外

血管性疾患は、出血性疾患と梗塞性疾患に大別される。これらの鑑別診断を行うためには、超音波検査およびCT検査またはMRI検査が有用である。また、これらの異常を引き起こす基礎疾患がないかどうか、血液検査を含めたスクリーニング検査が必要である。

追加検査所見

本症例は第15病日に両側の後肢麻痺となった。腹部超音波検査（図4-12）により、腹大動脈内の血栓が検出された。

診断

血栓塞栓症

右側前肢の麻痺も血栓塞栓症の症状であった可能性が高いと考えられた。

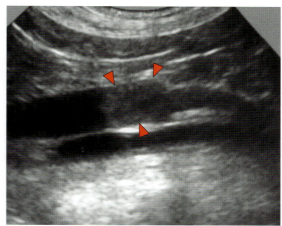

図4-12　腹大動脈の超音波画像
腹大動脈内に血栓が認められる（▶）。

第1部 総論

第5章 step 3 神経学的検査から得られる情報

本章のテーマ
1. 神経学的検査の目的を理解する
2. 局在診断の原理を理解する
3. 病変の分布から病態診断ができるようになる

神経学的検査

step 1で鑑別診断リストを作成し、step 2で大まかな局在診断を行った後に、step 3の「神経学的検査」でさらに病変の局在を絞っていく。また、step 3では病変の分布から病態を考えていくこともできる。

step 3の目的

step 2では「観察」により、病変部位が「頭蓋内」か「頭蓋外」か、大まかに判断した。step 3では、さらに病変部位を絞っていく。頭蓋内疾患が疑われる場合には、病変部位は前脳か脳幹か小脳か、また、脊髄疾患が疑われる場合には、病変の存在する脊髄分節はどこかを判断する。頭蓋外疾患の場合は、末梢神経や神経筋接合部の疾患である可能性もある（図5-1）。病変部位の推定ができれば、どの部位をどのような検査によって調べるべきか、必然的に決まるだろう。

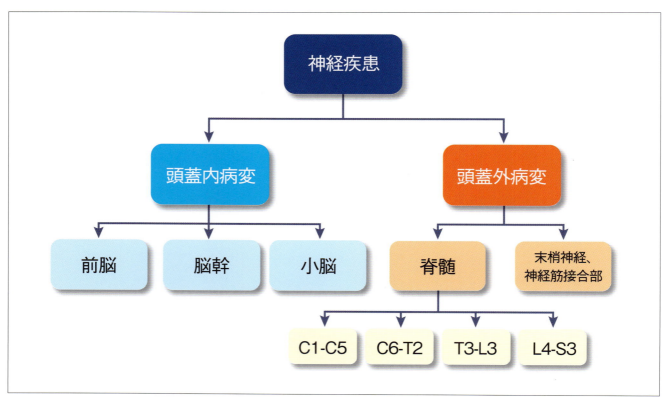

図5-1 局在診断のフローチャート

第5章 step 3 神経学的検査から得られる情報

3ステップによる診断アプローチ

- step 1　問診（動物がいなくてもできる検査）
- step 2　観察（動物に触らずに行う検査）
- step 3　神経学的検査（動物に触って行う検査）

神経学的検査の流れ

　神経学的検査の順序に決まりはないが、毎回同じ手順で行うことが重要である。一定の手順で検査を進めることにより、検査のし忘れが減り、経験を積めば効率はどんどん上がるだろう。かたくなにすべての検査を行う必要はないが、動物の症状や状態によって必要な検査が抜けてしまわないように、流れを作っておくことが重要である。

　筆者の場合は、基本的に頭側から尾側へと検査をしている（表5-1）。痛みを伴う検査は動物を緊張させ、その後の検査に非協力的になったり、正しい反応が得られなくなったりすることがあるため、最後に行っている。

脳神経検査

　脳神経は脳の腹側面から出る12対の神経である（図5-2）。第Ⅰ脳神経（CN 1：嗅神経）は嗅球に、CN 2（視神経）は間脳に入る感覚神経である。CN 3〜CN12の核は脳幹に存在するので、これらの脳神経は脳幹に出入

表5-1　筆者が行う神経学的検査の手順

① 脳神経検査
② 前肢の姿勢反応検査
③ 後肢の姿勢反応検査
④ 前肢の脊髄反射
⑤ 後肢の脊髄反射
⑥ 皮筋反射
⑦ 痛覚（痛み）の検査

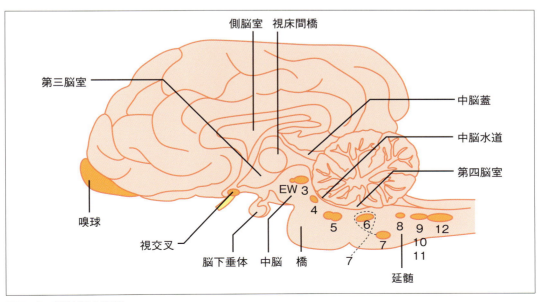

図5-2　脳神経の解剖
＊EW（Edinger-Westphal nucleus）核：エディンガー・ウエストファル核（動眼神経副交感神経核）

第1部 総論

りする。運動機能をつかさどる脳神経の機能異常により支配筋に麻痺や筋肉の萎縮が生じるため、これらの異常は観察で検出することができる。たとえば、顔面神経麻痺による表情筋の下垂（**図5-3**、**動画18**）や三叉神経麻痺による咀嚼筋の萎縮は、よくみられる異常である。

また、いくつかの検査では反射弓を検査している。たとえば眼瞼反射検査では、感覚神経である三叉神経と運動神経である顔面神経による反射を調べている。このため、眼瞼反射検査で異常が認められる場合には、感覚神経または運動神経のどちらに異常があるかは判断できないので、ほかの検査と組み合わせて異常のある神経を特定する必要がある。

■ 末梢性？ 中枢性？

脳神経の異常がみられたら、その異常が末梢性か中枢性かを判断する。末梢性の異常とは、脳神経そのものに起因する異常である。中枢性の異常とは脳神経核の異常を示し、いくつかの例外を除き、異常が脳幹に存在することを意味する。中枢性と末梢性の脳神経障害では治療法と予後が大きく異なるため、両者の鑑別は非常に重要である。

一般的に、両側性の脳神経障害は末梢性であることが多い。それに対し、片側性の脳神経障害は、末梢性でも中枢性でも認められる。中枢性の脳神経障害は頭蓋内病変を疑う根拠になる。とくに、脳神経核の密集する脳幹に異常があれば、顕著な脳神経障害が現れる。脳幹は末梢からの感覚神経や大脳からの運動神経の通路でもあるため、これらの機能にも異常が現れる可能性がある（→p.106〜参照）。脳神経検査において重要なポイントを**表5-2**にまとめる。

姿勢反応検査

姿勢反応は正常な姿勢の維持に必要な反応である。これは、関節や筋肉、腱、体表の感覚や前庭器官、視覚からの感覚情報が、末梢感覚神経、脊髄、脳へと伝わり、運動神経を介して筋肉へと伝わっていく複雑な反応である（**図5-4**）。この経路のどこに障害を受けても姿勢反応に異常をきたすため、障害部位をピンポイントで特定することはできない。

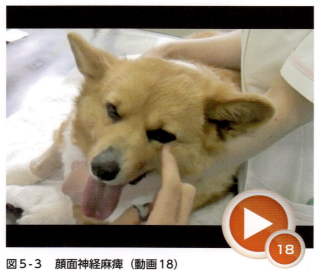

図5-3 顔面神経麻痺（動画18）
左側の顔面神経麻痺のため、左側の威嚇まばたき反応と眼瞼反射が消失している。

表5-2 脳神経検査の重要ポイント

◆ いくつかの脳神経検査では反射弓を検査している
◆ 頭蓋内疾患では、脳神経障害が現れることが多い
◆ 頭蓋内病変による脳神経障害は片側性が多い
◆ 両側性の脳神経障害は末梢性である可能性が高い
◆ 頭蓋内病変では、隣接する脳神経も同時に障害されることが多い
◆ 脳幹病変であれば、ほかの脳幹症状も現れる

しかし、姿勢反応検査では、歩様の観察では気づかれないごく軽度の異常を検出することができる。たとえば、大脳の障害では歩様に明らかな異常が認められないことがあるが、姿勢反応検査では明らかな異常を示す場合がある。また、1肢ずつ単独で検査できるのも姿勢反応検査のメリットである。大脳の片側に異常があれば反対側の肢に、延髄よりも尾側の病変であれば同側の肢に異常が現れる。姿勢反応検査のポイントを表5-3にまとめる。

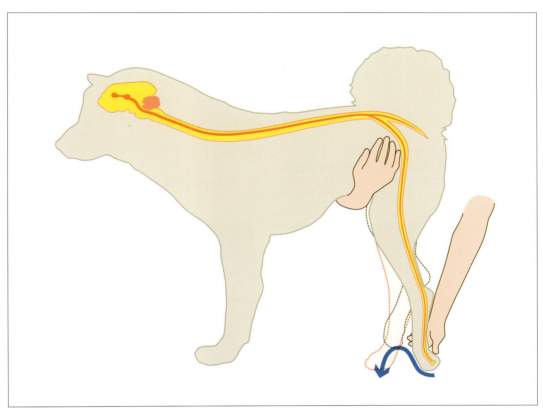

図5-4 姿勢反応に関する神経経路
感覚情報が肢端から末梢感覚神経、脊髄、脳へと伝わり、脳から脊髄、末梢運動神経に情報が伝達されて「反応」が起きる。この経路のどこに異常が起きても姿勢反応に異常が現れるため、病変部位の特定はできないが、姿勢反応検査は感度の高い検査である。

表5-3 姿勢反応検査のポイント

◆ 動物がリラックスできる環境で行う（診察台ではなく、床の上がよい）
◆ 固有位置感覚（ナックリング）は必ず体重を支えて検査する
◆ 下の3つは容易で再現性の高い検査（毎回実施すべき検査）である
・固有位置感覚
・跳び直り反応（内側方向は再現性が低い）
・踏み直り反応

第1部 総論

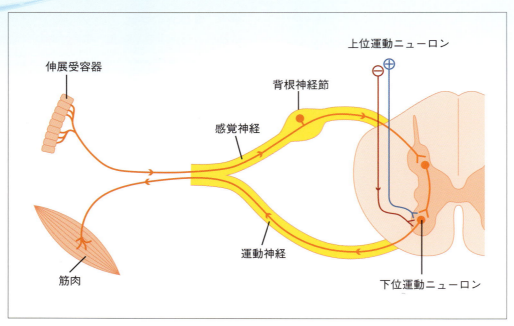

図5-5　伸展反射に関わる脊髄反射の神経経路
伸展受容器からの感覚情報は感覚神経を通り、脊髄に入る。情報は介在神経を介し（または介さず）運動神経細胞に伝達され、運動神経を通り、支配筋を収縮させる。

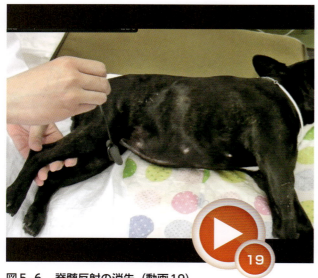

図5-6　脊髄反射の消失（動画19）
右側後肢の膝蓋腱反射と坐骨神経反射が消失している。前頸骨筋反射は、筋肉の収縮をハンマーにより直接引き起こすため、このように反射が誘発されたようにみえてしまう。本症例は、後肢のLMNSと判断される。

図5-7　脊髄反射の亢進（動画20）
右側後肢の膝蓋腱反射の亢進がみられる。ときどき、反復性の筋収縮（クローヌス）も認められ、本症例は後肢のUMNSと判断される。

脊髄反射

　脊髄反射は反射弓の活動により生じ、上位（脳）からの入力がなくても生じる（図5-5）。

　誘発した刺激は感覚神経を通り、分布する脊髄で運動神経に伝えられ、最終的に筋肉の収縮を起こす。この経路のどこかに障害が生じると反射の低下や消失（LMNS：lower motor neuron sign）が起こる（図5-6、動画19）。また、脊髄反射は反射が過剰になってしまわないように、上位からの抑制を受けている。上位からの抑制性の入力経路に障害が生じると、反射の亢進（UMNS：upper motor neuron sign）が生じる（図5-7、動画20）。

表5-4　脊髄反射の検査結果が示す脊髄の障害部位

前肢の脊髄反射	後肢の脊髄反射	障害部位
UMNS	UMNS	C1-C5
LMNS	UMNS	C6-T2
正常	UMNS	T3-L3
正常	LMNS	L4-S3

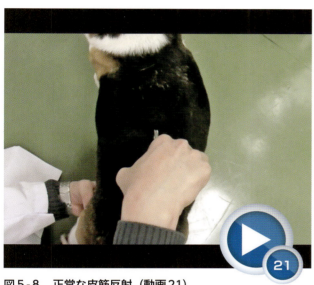

図5-8　正常な皮筋反射（動画21）
傍脊柱の皮膚を片側ずつ刺激すると、両側の体幹の皮筋が収縮するのが正常な反射である。正常であっても、この犬のように毎回の刺激に対しては反射が認められない、または反射がまったく誘発されないこともある。

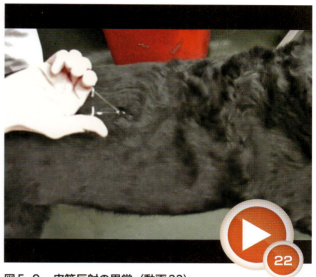

図5-9　皮筋反射の異常（動画22）
本症例は左側腕神経叢の障害があるため、左右どちらの刺激に対しても、右側の皮筋にしか反射が誘発されていない。

　前肢と後肢の脊髄反射を検査することで、前肢と後肢の脊髄反射弓の状態を評価することができる。前肢の脊髄反射に関与している脊髄分節は第6頸髄（C6）～第2胸髄（T2）であり、後肢は第4腰髄（L4）～第3仙髄（S3）であるため、前肢と後肢の脊髄反射を観察することで、障害部位の推定が可能となる（表5-4）。

皮筋反射

　皮筋反射は傍脊椎の皮膚に刺激を加えたときに両側性に皮筋が収縮する反射である（図5-8、動画21）。皮膚の感覚神経の興奮が刺激部位から脊髄に入り、脊髄を上行し、C8およびT1脊髄分節で運動神経へとシナプスする（図5-9、動画22）。脊髄に病変があれば、病変部より尾側の皮筋反射が消失することから、大まかな病変部の検出に役立つ。ただし、健常な動物であっても尾側頸部から頭側と尾側腰部から尾側では皮筋反射はみ

られないので、評価が可能なのはおおむね第2胸髄（T2）～第4腰髄（L4）の範囲である。脊髄反射の検査のポイントを表5-5にまとめる。

> ### 検査所見の解釈に注意！
>
> 　動物が緊張した状態で検査を行うと、正常であっても反射が亢進したような所見になることがあるので注意が必要である。また、動物では正常であっても誘発しにくい反射がある。たとえば前肢の二頭筋反射や三頭筋反射については、これらが誘発されない場合でも、異常と判断することはできない（→p.77、78）。

第1部 総論

表5-5 脊髄反射の検査のポイント

- ◆ 動物が緊張していると、反射が亢進することがある
- ◆ 横臥姿勢にしっかりと保定するが、検査する肢はリラックスさせる
- ◆ 基本的に上側の肢の検査を行う
- ◆ 下の検査は容易で再現性の高い検査（毎回実施すべき検査）である
  - ・前肢：橈側手根伸筋反射、引っ込め反射
  - ・後肢：膝蓋腱反射、引っ込め反射
  - ・その他：皮筋反射、会陰反射

表5-6 痛覚（痛み）の検査のポイント

- ◆ 痛覚は肢端を鉗子などでつまんで検査する
- ◆ 表在痛覚検査では皮膚や趾間を刺激する
- ◆ 深部痛覚検査では指骨をはさみ、骨膜を刺激する（図5-10、動画23）
- ◆ 表在痛覚が存在すれば、深部痛覚の検査は行わない
- ◆ 痛みの有無を引っ込め反射と混同しない（行動の変化が認められるか否かが重要）

痛覚（痛み）の検査

痛みの検査は脊髄疾患が存在する場合に役立つ。この検査により、以下の3つのヒントが得られる。

① 病変部位の絞り込み
② 病態の絞り込み
③ 予後判定の指標

① 病変部位の絞り込み

痛みが認められる場合、痛みの発生部位を特定することで、病変部位の絞り込みができる。たとえば、頸部の曲げ伸ばし（腹屈、背屈）や背部の圧迫で痛みが生じる部位があれば、病変部位が存在する領域が推測できる。

② 病態の絞り込み

痛みの有無により、病態の絞り込みができる。脊髄疾患の場合、痛みはおもに髄膜への物理的圧迫や炎症により生じる。痛みを生じる可能性のある病態は、NIT（腫瘍性、炎症性、外傷性疾患）であり、通常、DAMV（変性性、奇形性、代謝性、血管性疾患）では痛みは生じない（第2章→p.13参照）。ただし、奇形性疾患であっても、脊髄に外傷が加わるような場合には、やはり痛みが発生する（例：先天性環軸椎不安定症）。

③ 予後判定の指標

脊髄疾患では、痛みの検査は予後判定の指標となる。脊髄を走行する神経線維は、固有位置感覚をつかさどる神経線維が最も太く、随意運動→表在痛覚→深部痛覚をつかさどる順に細くなっていく。太い神経ほど圧迫や虚血の影響を受けやすいため、通常は固有位置感覚がまず障害される（ナックリングなど、運動失調として現れる）。また、髄鞘は圧迫などの外力に弱く、傷害を受けると脱髄を起こすことにより症状が悪化する。障害が重度になると随意運動が障害され（麻痺として現れる）、次いで痛覚が障害される。したがって、障害されている機能を知ることで脊髄障害の程度を推測することができ、これは予後に影響を及ぼす。痛覚（痛み）の検査のポイントを**表5-6**にまとめる。

図5-10 痛覚の異常（動画23）
検査を行う際には、必ず内側と外側の両方を検査し、侵害刺激に対する行動の変化（鳴く、振り向く、噛みつこうとするなど）があるかどうかを評価する。本症例では、表在痛覚（指間の皮膚を刺激）も深部痛覚（指骨の骨膜を刺激）も消失している。

病変の分布から病態を考える

step 3の神経学的検査により病変の局在が絞り込めたら、次は病変の分布から病態を考えていく。まず、検査によって認められた異常が1つの病変により生じているかどうかを考える。もし1つの病変により生じているのであれば、それは限局性（focal）病変と考えられる。一方、1つの病変では説明がつかない異常であれば、それはおそらく多巣性（multifocal）またはびまん性（diffuse）病変である。このように病変の分布が明らかになれば、病態の推測ができる（表5-7）。第2章（→p.10）で解説した通り、病態はstep 1の問診からも考えることができるので、これらの情報も参考に、最も疑われる病態を考える。

表5-7 病変の分布から考えられる病態

病変の分布	考えられる病態
限局性（focal）病変	奇形性疾患、腫瘍性疾患、外傷性疾患、血管性疾患
多巣性（multifocal）病変	奇形性疾患、腫瘍性（転移性）疾患、炎症性疾患、外傷性疾患
びまん性（diffuse）病変	変性性疾患、代謝性疾患、栄養性疾患、炎症性疾患、中毒性疾患

第1部 総論

まとめ

　step 1およびstep 2を通して見えてきた病変部位や病態をさらに絞り込んでいくうえで、神経学的検査（step 3）が有効であることをご理解いただけただろうか。神経学的検査には特別な器具は必要なく、比較的簡単に実施できる検査ばかりである。しかし、検査における微妙な反射や反応の違いを判断するには慣れが必要である（詳しい手技についてはp.52～参照）。また、犬と猫でも検査のしやすさや反応に違いがみられる。普段から健常な犬と猫のそれぞれで検査を行い、正常な反射や反応の所見に慣れておくことが重要である。

本章のポイント

1. **神経学的検査の目的**
   神経学的検査の目的は病変の局在を絞り込むこと、病変の分布を推測することである

2. **局在診断の原理**
   神経学的検査における異常と機能解剖学から、病変の局在を考える

3. **病変の分布から考える病態診断**
   病変を限局性、多巣性、びまん性に分けることにより、病態が推測できる

まずは広く浅いアプローチから！

　神経疾患を疑うと、神経系の検査だけに注意がいきがちになる。しかし、ほかの器官の異常によって「神経症状」が出現することは少なくない。その代表例は痙攣発作である。痙攣発作を示す動物では、てんかんのように脳の異常が原因となることもあるが、腹部臓器の異常、心疾患、血液学的異常などが原因であることも少なくない。したがって、診断を進める際には他臓器のスクリーニングから開始し、広く浅くアプローチすることが重要である。

　神経疾患を疑う症例では、のちにCT検査やMRI検査などの全身麻酔を必要とする検査を実施することが多いため、ほとんどの症例で麻酔前の検査も含め、胸腹部のＸ線検査や血液検査は必要になる。

症例4

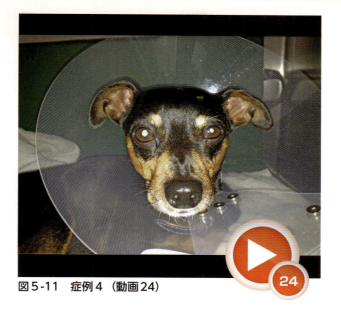

図5-11　症例4（動画24）

シグナルメント

ミニチュア・ピンシャー、去勢雄、6歳2カ月齢

主訴

起立不能

ヒストリー

現病歴　家から抜け出し、発見時には興奮状態でうずくまり、左肘から軽度な出血がみられた。顕著な疼痛はない。元気・食欲がなく、排尿していない

既往歴　とくになし

食事歴　市販ドライフード

予防歴　9種混合ワクチンと狂犬病ワクチンは接種済み、フィラリア予防は毎年実施している

家族歴　不明

飼育歴（飼育環境）　室内飼育（ときどき家から抜け出す）

治療歴　なし

観察および神経学的検査

表5-8　症例4の観察および神経学的検査所見

項目	所見
意識状態	◆ 清明（正常）
観察	◆ 瞳孔不同（左眼の縮瞳）および眼瞼裂の縮小 ◆ 右側前肢のみ随意運動あり ◆ 起立不能
姿勢反応	◆ 右側前肢：異常なし ◆ ほか3肢：消失
脊髄反射	◆ 右側前肢：異常なし ◆ 左側前肢：消失 ◆ 右側後肢：消失 ◆ 左側後肢：低下
痛覚	◆ 右側前肢：異常なし ◆ 左側前肢：深部痛覚消失 ◆ 右側後肢：深部痛覚消失 ◆ 左側後肢：表在痛覚あり

まず考える病態

本症例の年齢（6歳齢）であればどの疾患でもあり得るため、年齢はあまり大きなヒントにはならない。甚急性の発症パターンからは、外傷性または血管性疾患が疑われる。さらに、発作性の症状を示す代謝性または中毒性疾患である可能性もある。

- ◆ 外傷性疾患
- ◆ 血管性疾患
- ◆ 代謝性疾患
- ◆ 中毒性疾患

観察と神経学的検査による局在診断

目撃情報はないが、左肘からの出血は外傷を受けた可能性を示唆している。また、左眼の縮瞳と眼瞼裂の縮小からは、ホルネル症候群が疑われる。左側前肢は脊髄反射が消失しているため、下位運動ニューロン徴候（LMNS）と考えられる。これらの所見から、左側の腕神経叢の異常が疑われる。

さらに、両後肢の脊髄反射は低下または消失しているため、LMNSと考えられる。そのため、後肢のLMNSを引き起こす脊髄分節であるL4-S3にも異常が存在すると考えられる（表5-4→p.41）。

- ◆ 左眼の縮瞳 ┐
- ◆ 眼瞼裂の縮小 ┘ ホルネル症候群？
- ◆ 左側前肢の脊髄反射の消失
  ⇒ 左側の腕神経叢の異常？
- ◆ 両後肢の脊髄反射の低下または消失
  ⇒ L4-S3の異常？

病変分布から考えられる病態

本症例では多巣性病変が存在すると考えられるので、多巣性病変を引き起こす病態を鑑別診断として考えていく（表5-7→p.43）。ヒストリーと検査所見から、外傷性疾患（交通事故による）を強く疑う。

- ◆ 外傷性疾患
- ◆ 奇形性疾患
- ◆ 腫瘍性疾患
- ◆ 炎症性疾患

鑑別診断と必要な追加検査

外傷性疾患（とくに交通事故による外傷）が疑われる症例であり、脊椎の骨折や脱臼があることも考えられるため、全身の詳細な精査（血液検査、腹部超音波検査、胸部・腹部X線検査）、脊椎のCT検査が必要となる。

追加検査所見

脊椎のX線検査では、第4腰椎の椎弓に複数の骨折部位が認められた。骨折はCT検査によりさらに詳しく評価され、右側椎弓の骨片が脊髄を圧迫していることがわかった（図5-12）。頸椎および胸椎には異常は認められず、左側前肢のLMNS性麻痺は腕神経叢断裂に起因すると考えられた。

診断

腕神経叢断裂、第4腰椎右側椎弓の骨折

治療および経過

本症例では、第4腰椎の骨折片の除去と椎体固定術が施された。本症例のような腕神経叢の全断裂は予後不良であり、引きずることによる擦過傷や自咬症への対策が必要になる。本症例は手術から1カ月後の時点で左側後肢の随意運動が回復し、右側後肢もナックリングは認められるものの、随意運動可能な状態までに回復した。

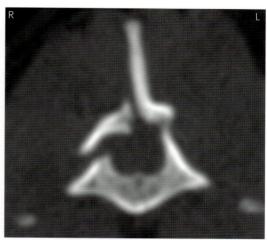

図5-12　腰椎のCT画像
第4腰椎の横断像。右側椎弓の骨折が認められる。

症例 5

図 5-13　症例 5（動画 25）

シグナルメント

ミニチュア・シュナウザー、避妊雌、3 歳齢

主訴

右側前後肢の麻痺

ヒストリー

現病歴　来院当日の朝、起きたときから右側前後肢が麻痺している
既往歴　とくになし
食事歴　市販ドライフードとウェットフード
予防歴　9 種混合ワクチンと狂犬病ワクチンは接種済み、フィラリア予防は毎年実施している
家族歴　不明
飼育歴（飼育環境）　室内飼育
治療歴　なし

観察および神経学的検査

表 5-9　症例 5 の観察および神経学的検査所見

項目	所見
意識状態	◆ 清明（正常）
観察	◆ 起立は可能だが、右側に転倒する ◆ 右側前後肢にはわずかな随意運動はあるが、伸展硬直している
姿勢反応	◆ 右側前後肢：すべての検査において消失 ◆ 左側前後肢：異常なし
脊髄反射	◆ 右側前肢の引っ込め反射はわずかに低下 ◆ ほか 3 肢の反射は異常なし
痛覚	◆ 四肢ともに表在痛覚あり

まず考える病態

本症例は比較的若齢（3歳齢）であり、発症は甚急性であることから、外傷性または血管性疾患が疑われる。ただし、発症前は寝ていたとのことなので、外傷性疾患の可能性は低いと思われる。

```
若齢、              ◆ 外傷性疾患
甚急性の発症パターン  ⇒  ◆ 血管性疾患
```

観察と神経学的検査による局在診断

右側前後肢の伸展硬直が認められ、左側前後肢には異常がなく、症状は明らかに片側性に現れていた。また、右側前肢の引っ込め反射はわずかに低下していたが、右側後肢の脊髄反射には異常はみられなかった。このことから、病変の局在はC6-T2の領域と考えられる（**表5-4**→p.41）。さらに、症状が右側のみに現れていることから、右側脊髄に限局した病変であると考えられる。

```
◆ 右側前後肢の伸展硬直  ┐片側性の症状発現
◆ 左側前後肢には異常なし ┘
◆ 右側前肢の引っ込め反射は  ┐              右側脊髄に
  わずかに低下            │病変の局在は   限局した病変？
◆ 右側後肢の脊髄反射は    │C6-T2？
  異常なし               ┘
```

病変分布から考えられる病態

出現している症状と神経学的検査で認められた異常はC6-T2脊髄分節に存在する単一の病変で説明できるため、病変は限局性病変と考えられる。明らかな片側性の症状と甚急性の発症パターンを考えると、本症例は血管性疾患（脊髄梗塞）であることが強く疑われる。

```
◆ 明らかな片側性の症状    ┐血管性疾患？
◆ 甚急性の発症パターン    ┘
```

鑑別診断と必要な追加検査

頸部脊髄の梗塞が疑われるため、MRI検査が必要である。また、梗塞を起こす基礎疾患の確認を目的として、一般的な血液検査も必要となる。

追加検査所見

頸部のMRI検査では、C5-6椎間板レベルの脊髄内（椎間板の直上）に病変が認められた。病変はT2強調画像において脊髄実質と比較して高信号であり、境界明瞭で、短軸断面において右側脊髄内にくさび形の病変として認められた（**図5-14**）。これは梗塞巣の特徴的な画像所見と判断した。

図5-14 頸髄のMRI画像
境界明瞭な病変が認められる（➡）。

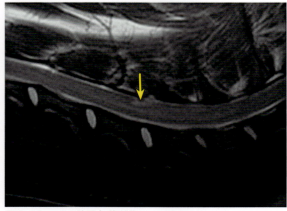

図5-14a　T2強調矢状断像。

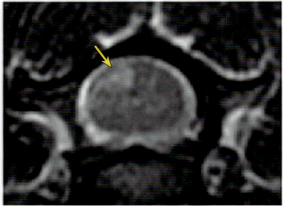

図5-14b　短軸断像。

診断・治療

線維軟骨性塞栓症

　本症例では積極的な理学療法が行われ、発症4週間後の時点でほぼ正常な歩行が可能になった。

第1部 総論

第6章 神経学的検査の手技 ―コツとピットフォール―

神経学的検査の実際

本章では、観察以外のいわゆる"hands-on"の神経学的検査の具体的な手技、コツ、ピットフォールを中心に解説する。獣医神経病学会が配布している神経学的検査表*には、検査項目と関係する神経があわせて記載されているため、検査表を用いることで検査所見と異常が疑われる神経を確認することができる。

第5章で述べた通り、筆者は基本的に動物の頭側から尾側へ検査を進めるようにしている。まず、動物が起立した状態で実施できる検査をまとめて行う。つまり、脳神経の検査を先に実施し、次に前肢の姿勢反応、後肢の姿勢反応、皮筋反射の検査を行う。続いて動物を横臥位に保定し、前肢の脊髄反射、後肢の脊髄反射の検査を行う。痛覚の検査は動物にストレスがかかり、最初に実施すると以降の検査に動物が協力的でなくなるため、これは最後に実施する。

*URL：http://shinkei.com/pdf/sheet2014j.pdf

脳神経検査

左右12対の脳神経の機能を調べるのが脳神経検査である。いくつかの脳神経の異常は観察により明らかになる（**表3-1**→p.20）。検査の進め方に決まりはないが、先に紹介した神経学的検査表の記載順に実施すると効率がよい。また、全症例にすべての検査を行う必要はなく、症例ごとに臨機応変に必要な検査を選択する。しかし、ある程度習熟するまではすべての検査を行い、正常あるいは異常な所見を判断するための感覚を養うことを推奨する。

3ステップによる診断アプローチ

- **step 1** 問診（動物がいなくてもできる検査）
- **step 2** 観察（動物に触らずに行う検査）
- **step 3** 神経学的検査（動物に触って行う検査）

顔面の対称性

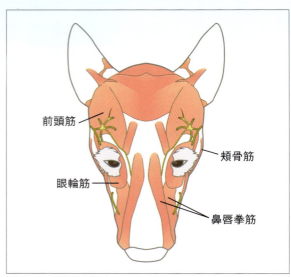

図6-1　顔面の筋肉
Done S.H., et al., Color Atlas of Veterinary Anatomy: The Dog & Cat, 2009 より引用・改変

関与する神経
- 表情筋：顔面神経（CN 7）
- 側頭筋・咬筋：三叉神経（CN 5）

手技
観察と触診により、次の3点を評価する。
- 表情筋の下垂の有無
- 表情筋・咀嚼筋の対称性
- 咀嚼筋の萎縮の有無

正常所見
- 観察：眼瞼、口唇、鼻孔の位置は両側で対称的である
- 触診：両側の側頭筋と咬筋の筋量は対称的である

コツと注意点
- 咀嚼筋の萎縮は筋炎（咀嚼筋炎）でもみられるため、鑑別が必要である

解釈
- 片側の弛緩や萎縮：左右の表情筋は顔面神経支配を受けているため、片側に弛緩や萎縮が認められる場合は同側の顔面神経の異常が疑われる
- 側頭筋・咬筋の萎縮：同側の三叉神経の異常が疑われる
- 両側の三叉神経障害では、下顎麻痺のため口を閉じられなくなり、口が半開きになった特徴的な外貌を示す（図6-29→p.65）
- 通常、片側性の三叉神経麻痺では閉口障害は認められない

図6-2　顔面の対称性の評価（動画26）
視診と触診により、表情筋と咀嚼筋の対称性を評価する。

図6-3　表情筋の非対称性
右側の顔面神経麻痺により、表情筋の非対称が認められる。本症例は右側三叉神経麻痺を伴っているため、右側頭筋の萎縮もみられる。

眼瞼反射

関与する神経

- 感覚神経：三叉神経の眼枝（外眼角）および上顎枝（内眼角）＊
  ＊個体差あり
- 運動神経：顔面神経

手技

- 検査は指先で眼周囲を刺激し、まばたきが誘発されるか否かを観察する
- 刺激は内眼角、外眼角の両方に対して与える

正常所見

- 皮膚に触れた瞬間にまばたきが認められる

コツと注意点

- 刺激は眼瞼に対する触刺激であるため、検査時にはできるだけ指が視界に入らないようにする。頭部の後方から刺激するとよい

解釈

- 眼瞼反射が低下または消失している場合：
  三叉神経（感覚）または顔面神経（運動）のいずれかの異常が疑われる
- 鑑別するために、三叉神経または顔面神経が関与するほかの検査（角膜反射や威嚇まばたき反応）をあわせて実施する
- まれではあるが、三叉神経と顔面神経の両神経が障害された場合にも眼瞼反射は低下〜消失する

図6-4　正常な眼瞼反射（動画27）
内眼角と外眼角を指で刺激すると、まばたきが起きる。

図6-5　顔面神経麻痺（動画28）
右側顔面神経麻痺のため、眼瞼反射が誘発されない。

第1部 総論

角膜反射

関与する神経
- 感覚神経：三叉神経の眼枝（CN5）
- 運動神経：外転神経（CN6）、顔面神経（CN7）

手技
- 眼球（角膜）に軽く触れて刺激を与え、眼球後引とまばたきを観察する
- 湿らせた綿花などでやさしく刺激する

正常所見
- 綿花が角膜に触れた瞬間に、眼球の後引とまばたきが認められる

コツと注意点
- 眼球の後引は一瞬の動きだが、眼球を横から観察するとわかりやすい
- 受動的に第三眼瞼が露出することで、眼球後引が確認できる

解釈
- 角膜反射の低下または消失：三叉神経（感覚）、外転神経（運動）、顔面神経（運動）のいずれか、または複数の神経の異常を示唆する

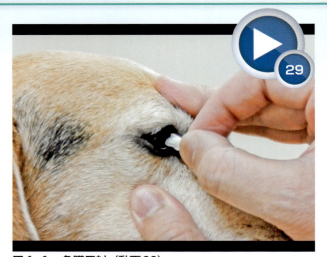

図6-6　角膜反射（動画29）
湿らせた綿花で角膜を刺激し、眼球の後引が起きるか観察する。

威嚇まばたき反応

関与する神経
- 感覚神経：視神経（CN2）
- 運動神経：顔面神経（CN7）

威嚇まばたき反応

　威嚇まばたき反応の神経経路は複雑であり、感覚神経である視神経と運動神経である顔面神経の間に大脳（視覚野と運動野）、橋、小脳が関与する。

手技
◆ 動物に対して威嚇するように手を目の前にかざし、まばたきが起きるか否かを観察する

正常所見
◆ 威嚇刺激を加えるとまばたきが観察される

コツと注意点
◆ 威嚇の際に目に風を送る、ひげに手が当たるなどの刺激を与えないように注意する（これらの刺激では、三叉神経が感覚神経になる）
◆ 顔面神経麻痺によってまばたきができない症例は、視覚は正常であってもまばたきはできないが、手を避けようとしたり、眼球後引がみられたりする
◆ 威嚇まばたき反応は学習で獲得する「反応」であるため、生後間もない動物は正常であっても威嚇まばたき反応を示さないことがある
◆ 検査を繰り返し行うと、動物が検査に慣れてきて評価が難しくなる

解釈
◆ 視覚経路のどこかに異常があれば、異常側の眼の刺激による威嚇まばたき反応は低下〜消失する
◆ 視覚経路のどの部位の異常かは、後述する瞳孔対光反射（→p.62）の結果とともに考える。つまり、網膜から視交叉までの異常であれば瞳孔対光反射は消失し（さらに散瞳）、視放線や大脳視覚野の異常であれば、瞳孔対光反射は正常に誘発される
◆ 顔面神経麻痺を呈する症例ではまばたきはみられないが、顔を背けて逃げようとするなどの回避行動がみられる
◆ 威嚇まばたき反応の神経経路には小脳も関与しているため、小脳の障害によっても威嚇まばたき反応が低下〜消失する

図6-7　正常な威嚇まばたき反応（動画30）
威嚇刺激を加えるとまばたきが観察される。

図6-8　威嚇まばたき反応の消失（動画31）
本症例は顔面神経麻痺のために右側の威嚇まばたき反応が消失している。

図6-9　威嚇まばたき反応の消失（動画32）
本症例は小脳炎により威嚇まばたき反応が消失したと判断された。自発的なまばたきは可能である。

第1部 総論

瞳孔の対称性

関与する神経
- 動眼神経（CN 3）
- 交感神経
- 視神経（CN 2）

手技
- 観察により瞳孔の大きさと左右の対称性を評価する

正常所見
- 瞳孔のサイズは左右対称である

コツと注意点
- 瞳孔のサイズは基本的に動眼神経（縮瞳）の支配を受けるが、視神経や交感神経（散瞳）の影響も受けている
- 怖がっていたり興奮している症例では交感神経の活動が亢進し、散瞳していることがある
- 眼科疾患（視覚障害、虹彩癒着、進行性網膜萎縮など）による散瞳が認められることもあるため、瞳孔対光反射や網膜の評価と組み合わせて判断する必要がある

解釈
- 交感神経障害によって縮瞳が認められるホルネル症候群では、多くの症例において第三眼瞼の突出や眼瞼裂の狭小化があわせて認められる

図6-10　瞳孔の対称性
カメラでフラッシュ撮影をすると、瞳孔を確認しやすい。

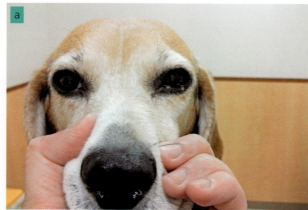

図6-10a　フラッシュなし。

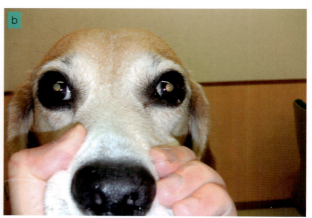

図6-10b　フラッシュあり。瞳孔のサイズは左右対称である。

眼球の位置（斜視）

関与する神経
◆ 動眼神経（CN 3）
◆ 滑車神経（CN 4）
◆ 外転神経（CN 6）
◆ 前庭神経（CN 8）

手技
◆ 観察により眼球の位置を評価する

正常所見
◆ 両側の眼球の位置は協調し、同じ方向を向いている

コツと注意点
◆ 後述の頭位変換時と区別するため、症例の目線と検査者（自分）の目線とを合わせるように頭位をまっすぐに（通常位に）保持し、観察する
◆ チワワなどの頭が丸い犬種では、先天的に軽度の外斜視を示す
◆ 一部のシャム猫では、正常でも内斜視を示す

解釈
◆ 眼球の位置は動眼神経、滑車神経、外転神経によって制御されており、それぞれの神経の障害によって斜視が起きる
◆ 動眼神経麻痺では外側斜視、外転神経麻痺では内側斜視がみられる
◆ 滑車神経麻痺では外側に眼球が回転する（猫の瞳孔は縦長なので眼球の回転を認識しやすいが、犬は瞳孔径が丸いので回転性斜視はわかりにくい）

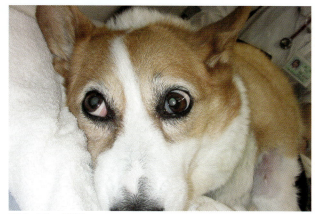

図6-12　斜視
本症例は右側脳幹の病変により右眼の腹側斜視が認められる。

図6-11　瞳孔不同

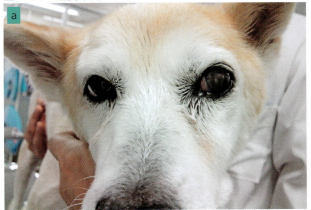

図6-11a　フラッシュなし。

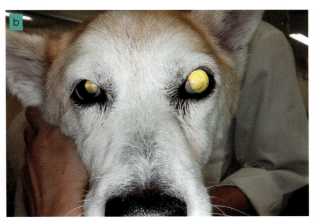

図6-11b　フラッシュあり。

第1部 総論

頭位変換（姿勢）性斜視

関与する神経
◆ 動眼神経（CN 3）
◆ 滑車神経（CN 4）
◆ 外転神経（CN 6）
◆ 前庭神経（CN 8）

手技
◆ 頭位の変換によって斜視が誘発されるかを観察する
◆ 通常は、頭部を背側方向に反らした姿勢で斜視が出現するかを評価する

正常所見
◆ 頭位の変化に合わせて、両側の眼球はまっすぐ前方（検者の方）を向く

解釈
◆ 頭位の変化を前庭神経が感知し、内側縦束を通じて動眼神経（CN 3）、滑車神経（CN 4）、外転神経（CN 6）に情報が伝わることで、眼球も頭の位置に合わせて動く
◆ 頭位変換時に斜視（多くは外腹側斜視）がみられる場合：前庭障害が疑われる

図6-13　頭位変換性（姿勢性）斜視の評価（動画33）
頭部を背側に伸展させたときに斜視がみられるかどうかを評価する。頭位の変化に合わせて、両側の眼球はまっすぐ前方（検者の方）を向く。

図6-14　頭位変換性（姿勢性）斜視（動画34）
本症例は左側前庭障害のため、頭位変換をすると左眼に腹外側斜視がみられる。

眼球の動き（眼振）

関与する神経
- 前庭神経（CN 8）
- 小脳

手技
- 眼球を観察し、眼振（眼球の不随意な動き）の有無を評価する

正常所見
- 随意的な眼球の動きを除き、眼球は一定の位置に静止している

コツと注意点
- 眼振の評価を行う際は、眼振の有無だけではなく、急速相の方向と眼振の種類を記載する

眼振

眼振は眼球の動き方によって水平眼振、垂直眼振、回転眼振に分けられる。眼振の多くは律動性眼振であり、眼球の動くスピードが左右（もしくは上下）で異なる。速く動く相を急速相、ゆっくりと動く相を緩徐相と呼ぶ。また、急速相が右方向である場合、右眼振と呼ぶ。眼球の動くスピードに左右（もしくは上下）で差がない場合を振子眼振と呼ぶ。

図6-15　水平性眼振（動画35）
本症例は、左側の中耳炎に続発した末梢性前庭障害がみられた。

図6-16　水平性眼振（動画36）
本症例は右側眼振（急速相が右側）がみられる。

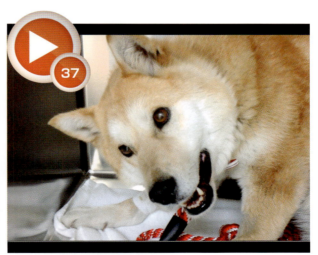

図6-17　垂直性眼振（動画37）
律動性の垂直性眼振が認められる。本症例は、MRI検査により脳幹腫瘍と診断された。

第1部 総論

解釈

- 律動性眼振がみられる症例では、前庭障害を疑う
- 前庭障害は末梢性と中枢性とに分けて考える（第10章→p.115）
- 病変は緩徐相と同側にあることが多い（右眼振であれば左側の前庭系の異常を疑う）
- 垂直性眼振では中枢性前庭障害（脳幹病変）を疑う
- 振子眼振は小脳の障害を疑う

図6-18　回転性眼振（動画38）
本症例は、強膜血管の動きを見ると眼振が回転性であることがわかる。

図6-19　振子眼振（動画39）
眼球が左右に（ときどき上下に）不規則に動く振子眼振がみられる。本症例（2カ月齢）は小脳の先天性奇形が疑われた。

生理的眼振

関与する神経

- 動眼神経（CN 3）
- 滑車神経（CN 4）
- 外転神経（CN 6）
- 前庭神経（CN 8）

手技

- 頭部を水平方向にゆっくりと右から左に動かすと、両側の眼球が頭の動きから少し遅れて（頭の動きに追いつくように）眼振様の動きをする

正常所見

- 生理的眼振は健常な動物で誘発される眼振である
- 頭部をゆっくりと左右に振ると、頭部の動きから少し遅れて両側の眼球が眼振様に動く

頭位変換（姿勢）性眼振

関与する神経
- 前庭神経（CN 8）
- 小脳

手技
- 頭位を変換する、あるいは動物を仰臥位に保定した際に眼振が出現するか否かを観察する（**動画33→p.58**）

正常所見
- 頭位を変えても眼振は認められない

解釈
- 頭位変換によって眼振の方向が変化する場合：中枢性前庭障害が疑われる

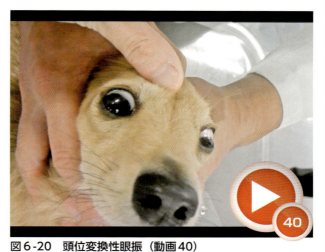

図6-20 頭位変換性眼振（動画40）
本症例は頭部を背側に反らすと垂直性の眼振が出現したため、中枢性前庭障害（脳幹病変）が疑われた。

コツと注意点
- 頭部をゆっくりと水平方向に反復して動かす

解釈
- 両眼の動きが協調していなかったり、正しく動かない様子が観察される場合：前庭障害が疑われる

図6-21 生理的眼振（動画41）
頭部をゆっくりと左右に振ると、健常な動物では両側の眼球が眼振様に動く。

図6-22 生理的眼振の消失（動画42）
頭部を右から左に動かす際に生理的眼振が観察されない。本症例は右側脳幹に病変が認められた。

瞳孔対光反射

関与する神経

- ◆ 感覚神経：視神経（CN 2）
- ◆ 運動神経：動眼神経（CN 3）

手技

- ◆ 眼球に光を当て、瞳孔が収縮するかを観察する
- ◆ 直接性（光を当てた眼）と共感（間接）性（光を当てた眼と反対側の眼）の瞳孔対光反射を評価する

正常所見

- ◆ 光を当てた眼の瞳孔はすぐに収縮し、少し遅れて反対側の瞳孔も収縮する

コツと注意点

- ◆ 暗めの部屋で検査をするとわかりやすい
- ◆ 光量の少ない光刺激では、正常でも十分な反射が誘発されないことがある
- ◆ 瞳孔サイズは動眼神経による支配を受けているが、視神経や交感神経（散瞳運動）、さらに中脳に存在する動眼神経核の影響も受けている
- ◆ 恐怖を感じていたり興奮している症例は、交感神経の活動により、散瞳していることがある
- ◆ 眼科疾患（虹彩癒着、進行性網膜萎縮）により散瞳が認められることがあるため、瞳孔対光反射は眼科検査と組み合わせて判断する

瞳孔対光反射の機序

網膜から入った光刺激は視神経→視交叉→視索→視蓋前核→動眼神経副交感神経核（EW核）へと伝達され、動眼神経を介して毛様体神経節へと伝わり、縮瞳が起こる。このとき、光を当てた側の縮瞳（直接性縮瞳）だけでなく、視蓋前核で反対側のEW核にも刺激が伝わるため、光刺激と反対側の眼も縮瞳する（共感性縮瞳）。これらの経路のいずれかに障害が生じると、正常な反射が認められなくなる。

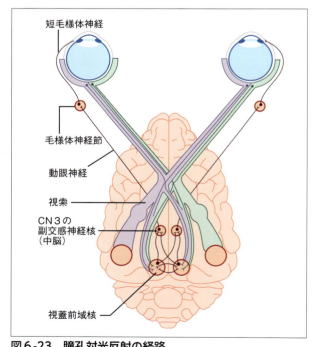

図6-23 瞳孔対光反射の経路

解釈

- ◆ 網膜、視神経の異常：異常側の瞳孔対光反射（直接性および共感性）は低下～消失し、異常側の視力は低下～消失する。異常側の動眼神経が正常に機能していれば、共感性の反射（つまり反対側の眼に光を当てたときの反射）は認められる
- ◆ 視交叉の病変：両側の瞳孔対光反射（直接性・共感性とも）は低下～消失し、視力も両側性に障害される
- ◆ 片側の動眼神経の異常：異常側の瞳孔対光反射（直接性も共感性も）は低下～消失するが、視力は障害されない
- ◆ 片側の視蓋前核や動眼神経副交感神経核（EW核）の病変：検査所見は複雑であり、障害部位と程度により多様な結果となるため、病変の局在診断は難しい

図6-24　正常な瞳孔対光反射（動画43）
光を当てた眼の瞳孔はすぐに収縮し（直接性反射）、少し遅れて反対側の瞳孔も収縮する（共感性反射）。

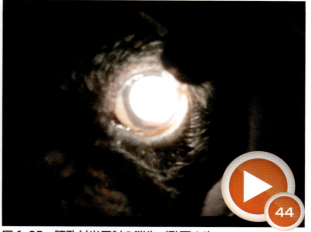

図6-25　瞳孔対光反射の消失（動画44）
瞳孔対光反射がみられない（直接性も共感性も消失）。本症例は、下垂体腫瘍による視交叉の圧迫が認められた。

顔面知覚

関与する神経

- ◆ 三叉神経（CN5）上顎枝、下顎枝
- ◆ 顔面神経（CN7）

手技

- ◆ 上顎および下顎の左右をそれぞれ鉗子や指で刺激し、ヒゲが動いたり、嫌がるかどうかを判断する
- ◆ 鼻孔に鉗子を挿入する

正常所見

- ◆ 上顎や下顎を刺激すると口唇を収縮させたり、顔を背けたりする
- ◆ 鼻孔に鉗子を挿入すると、ただちに顔を背ける

第1部 総論

コツと注意点

- ◆ 必ずしも痛みを与えるほど強い刺激でなくても判定できる
- ◆ 緊張していたり我慢する性格の症例では、反応がわかりにくいことがある
- ◆ 鼻孔に鉗子の先などを入れ、鼻腔内をやさしく刺激すると、顔面知覚が正常な動物は明確に嫌がるため、判定しやすくなる

図6-26 知覚の検査（動画45）
健常な動物では、鉗子が少しでも鼻孔に入ると顔を背ける。

図6-27 知覚異常（動画46）
右側鼻孔の知覚が低下している。本症例は、左側大脳の脳梗塞が疑われた。

開口時の筋緊張

関与する神経
- ◆ 三叉神経（CN 5）

手技
- ◆ 開口時の顎の緊張性を確認する

正常所見
- ◆ 手で開口させると、正常な動物では一定の緊張が手に伝わる

解釈
- ◆ 両側の三叉神経障害が存在すると、口を閉じることができなくなる
- ◆ 片側性の三叉神経障害では口を閉じることはできるが、本検査を行うことで筋力の低下（抵抗性の低下）を確認することができる

舌の動き・位置・対称性

関与する神経
- 舌下神経（CN12）

手技
- 舌の位置、動き、対称性を観察する
- 舌の観察は顎の筋緊張を評価する際に同時に行う

正常所見
- 静止時の舌は口腔の中央に位置し、左右対称的である

コツと注意点
- 舌の動きに異常があると、採食や飲水がうまくできないことがある。したがって、家では正常に飲水できているか、食事をこぼさないかを飼い主に確認することが重要である

解釈
- 舌下神経に障害が生じ、それが進行すると、病変側の舌の萎縮が生じる
- 舌は萎縮した方向へ曲がる

図6-30　舌下神経麻痺（動画49）
右側舌下神経麻痺による右側舌の麻痺。舌は萎縮し右側に曲がっている。本症例では、右側脳幹の腫瘍が認められた。

図6-28　顎の緊張度（動画47）
手で開口させると、健常な動物では一定の緊張が手に伝わる。

図6-29　三叉神経麻痺（動画48）
本症例は両側の三叉神経麻痺のため、開口時の顎筋の抵抗が完全に消失している。

第1部 総論

飲み込み

関与する神経
◆ 舌咽神経（CN 9）
◆ 迷走神経（CN10）

手技
◆ 喉頭を軽く刺激する、もしくは開口して舌根部を軽く刺激する

正常所見
◆ 喉頭を軽く刺激すると、飲み込む動作が認められる
◆ 開口して舌根部を軽く刺激すると、催吐反射（吐きそうなしぐさ）が誘発される

コツと注意点
◆「食べ物を飲み込みにくそうにしている」「水を飲むとむせる」などの稟告は舌咽神経、迷走神経障害を疑ううえで非常に重要である

解釈
◆ 舌咽神経と迷走神経は声帯を含む咽喉頭の感覚と運動にも関わっている脳神経であるため、「鳴き声の変化」が認められる場合にも、本検査が重要となる

図6-31　正常な飲み込み反射（動画50）
喉頭部を軽く刺激すると、ゴクンと反応する飲み込み行動をとる。

僧帽筋、胸骨頭筋、鎖骨乳突筋、胸骨乳突筋の対称性

関与する神経
- 副神経（CN11）

手技
- 頸部と頸背部を触診し、僧帽筋、胸骨頭筋、鎖骨乳突筋、胸骨乳突筋（図6-33）の萎縮や非対称性がないかを評価する

正常所見
- 僧帽筋、胸骨頭筋、鎖骨乳突筋、胸骨乳突筋は左右対称である

解釈
- 僧帽筋、胸骨頭筋、鎖骨乳突筋、胸骨乳突筋の萎縮や非対称性が認められる場合：副神経の障害が疑われる

図6-32　頸部と頸背部の触診（動画51）
片側性の筋萎縮がないかどうか、触診により確認する。

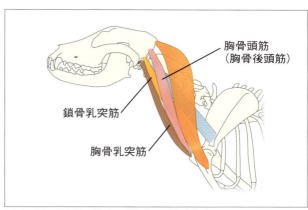

図6-33　頸部の筋肉の模式図（左側観）
König H.E., Liebich H.G., カラーアトラス 獣医解剖学, 2012より引用・改変

嗅覚

関与する神経
- 嗅神経（CN1）

手技
- 嗅覚の有無を評価するために、鼻先に（可能であれば）症例の好むにおいを近づけ、においを嗅ぐかどうかを評価する

図6-34　嗅覚試験（動画52）
健常な動物では、即座ににおいを嗅ぐ行動をとる。

第1部 総論

正常所見
- 健常な動物では、即座ににおいを嗅ぐ行動をとる

コツと注意点
- アルコール綿花や刺激臭のするものは使用しない（鼻粘膜や角膜に分布する三叉神経を刺激し、嗅覚の正しい評価ができなくなるため）
- 実際には、意識状態が低下した動物で反応が欠如している場合が多い
- 片側性の嗅覚の障害では異常と判断することは困難である

解釈
- 嗅ぐ行動がみられない場合：嗅覚の著しい低下

綿球落下テスト

関与する神経
- 視神経（CN 2）

手技
- 綿球を落下させ、落下する綿球を動物が目で追うか否かを観察する

正常所見
- 落下する綿球を眼で追う

コツと注意点
- 落下後に音を出したり、落下時に風を起こさないようにする
- ゆっくりと落下する大きさに綿花を広げた状態にしておくとよい

解釈
- 視覚に異常があると落下する綿花を追うことができない
- 大脳の病変では片側の刺激（通常は病変と反対側）に注意を払うことができず、視覚が正常であっても綿球を眼で追わないことがある
- 意識障害がある症例でも落下する綿球を追わないことがある

図6-35　綿球落下テスト（動画53）
落下する綿球を眼で追う。

図6-36　綿球を追わない症例（動画54）
意識状態が低く、落下する綿球を追わない。本症例は、MRI検査により特発性脳炎と診断された。

姿勢反応検査

姿勢反応検査は神経学的な異常の検出感度が高く、歩様検査では判別できない異常や病変の左右差を検出することができる。一方、姿勢反応の異常は関連する神経経路の「どこか」で障害を受けていることを示唆しているに過ぎない。このため、病変部位の絞り込みは、ほかの検査結果とあわせて考える必要がある。

神経学的検査シートを利用する場合、姿勢反応は「消失（0）」「低下（1）」「正常（2）」の3段階で評価する。

固有位置感覚（CP）

手技

ナックリング
四肢端の甲を地面につけて、元に戻す反応を確認する

ペーパースライド法
検査肢の下に紙を敷き、紙を外側にスライドさせた際に検査肢を戻すかどうかを評価する

正常所見

ナックリング
ただちに（通常は1秒以内に）甲を返して肉球を接地する

ペーパースライド法
肢が外側に移動すると、元の位置に肢を踏み直す

図6-37　正常な固有位置感覚（ナックリング）（動画55）
ただちに（通常は1秒以内に）甲を返して肉球を接地する。

コツと注意点

◆ 検査肢に体重がかからないように、前肢の検査時は胸部、後肢の検査時は腹部を支える
◆ 肢端を触った刺激で引っ込める習性と混同しないよう優しく、ゆっくりと行う
◆ ペーパースライド法では表面が滑らかなコピー用紙などではなく、凹凸のあるペーパータオルなどを使用することが望ましい

解釈

◆ ナックリングは感度および再現性が高く、異常の左右差の判定に有効な検査である

第1部 総論

図6-38　正常な固有位置感覚（ペーパースライド法）（動画56）
肢が外側に移動すると、元の位置に肢を踏み直す。

図6-39　固有位置感覚（CP）の低下と消失（動画57）
左前後肢のCPは低下しており、踏み直りが遅れている。右前後肢のCPは消失しており、踏み直りができない。本症例は、MRI検査により左側大脳の梗塞と診断された。

踏み直り反応

手技
- 動物を抱えて検査肢の肢端を診察台の側面に当て、台の上に肢を乗せるかを評価する
- 実施の際に目隠しをすると触覚性、目隠しをしないまま実施すると視覚性の検査となる

正常所見
- 触覚性：肢端が台に触れるとすぐに肢を台の上に乗せようとする
- 視覚性：肢端が台に接触する前に肢を台の上に乗せようとする

コツと注意点
- 触覚性踏み直り反応を先に行い、その後で視覚性踏み直り反応を評価する

解釈
- 抱き上げられることに慣れている小型犬などでは、正常であっても反応しない場合がある
- 固有位置感覚に比較すると再現性は劣る

図6-40　正常な踏み直り反応（触覚性）（動画58）
肢端が台に触れるとすぐに肢を台の上に乗せようとする。

図6-41　正常な踏み直り反応（視覚性）（動画59）
診察台に肢が触れる前に診察台に肢を乗せる。

第6章 神経学的検査の手技 —コツとピットフォール—

跳び直り反応

手技
- 動物を抱えて、検査肢のみに体重がかかるように外側にスライドさせる

正常所見
- スライドする動きにあわせて、体重を支えられる位置まで検査肢をピョンピョンと移動させる

コツと注意点
- 体をスライドさせる際に、体軸をスライド方向に傾けると反応が発現しやすくなる
- 内側方向へのスライドは健常な動物であってもうまく反応が発現しないことがあるので、有用な情報にはならない

解釈
- 跳び直りの開始が遅れる場合：
  固有位置感覚の異常が疑われる
- 跳び直りが不可能、または跳び直りが不十分な場合：運動の異常（不全麻痺〜完全麻痺）が疑われる
- 多くの症例で両方の異常（跳び直りの開始が遅れ、かつ不十分または不可能）がみられる

図6-44 正常な跳び直り反応（動画62）
スライドする動きにあわせて、体重を支えられる位置まで検査肢をピョンピョンと移動させる。

図6-45 跳び直り反応の低下と消失（動画63）
左前肢の跳び直り反応は低下し、右前肢の跳び直り反応は消失している。図6-42と同一症例。

図6-42 踏み直り反応（触覚性）の低下と消失（動画60）
触覚性踏み直り反応は右側前肢で消失、左側前肢で低下している。本症例は、MRI検査により頸部の椎間板ヘルニアと診断された。椎間板ヘルニアは右側脊髄を重度に圧迫していた。

図6-43 踏み直り反応（視覚性）の低下と消失（動画61）
視覚性踏み直り反応は右側前肢で消失、左側前肢で低下している。図6-42と同一症例。

第1部 総論

立ち直り反応

手技
- 動物を横臥位におき、自力で起立姿勢に戻れるかどうかを観察する

正常所見
- 頸部、前肢、後肢の順に立ち上がる

コツと注意点
- まれに、異常がなくても横になったまま起きない動物がいるため注意が必要である
- 神経学的に異常が認められる場合は四肢の動作が協調しなかったり、異常側の肢を使用しなかったりする

解釈
- 片側の前庭障害や脳幹病変では、障害側を下にした状態からの立ち上がりができないことがある。

図6-46　正常な立ち直り反応（動画64）
頸部、前肢、後肢の順に立ち上がる。

手押し車反応

手技
- 両後肢を持ち上げ前方に体重をかけることにより、前肢のみで歩行させる

正常所見
- 左右前肢を協調させて歩く

コツと注意点
- 高い診察台の上や滑る床では、怖がって歩行をしないことがある

解釈
- 異常が認められる動物ではナックリング、転倒、測定過大などの異常が顕在化することがある
- 左右側を同時に評価するので、左右差を検出しやすい検査である

図6-47　正常な手押し車反応（動画65）
両前肢のみで前進することができる。

第6章 神経学的検査の手技 —コツとピットフォール—

姿勢性伸筋突伸反応

手技
- 動物の両腋窩部を持ち上げ、後肢を前方に投げ出して地面につけることにより、後肢のバックステップを観察する
- 大型犬では後ろから後肢のみで立たせるように抱えて、後退させることでも評価できる

正常所見
- 体重を支えられる位置まで後ろに下がる

コツと注意点
- 動物を持ち上げ、後肢に徐々に体重がかかるように地面に降ろす

解釈
- 神経学的な異常がある場合はバックステップが遅れたり、後肢を引きずったりする
- 手押し車反応と同様に、左右側を同時に評価するため、左右差を検出しやすい

図6-48 正常な姿勢性伸筋突伸反応（動画66）
着地した直後に後肢が体重を支えられる位置まで後退する。

図6-49 姿勢性伸筋突伸反応の異常（動画67）
両側の姿勢性伸筋突進反応は消失している。図6-42と同一症例。

脊髄反射

脊髄反射は前肢または後肢の反射弓を評価するための検査である。これらの反射弓の経路が障害されると、下位運動ニューロン徴候（LMNS：lower motor neuron sign）として現れる。また、下位運動ニューロンを抑制する領域が障害されると、上位運動ニューロン徴候（UMNS：upper motor neuron sign）として、反射亢進がみられることがある。前肢を支配する運動神経細胞は頸膨大部（C6〜T2）に、後肢を支配する運動神経細胞は腰膨大部（L4〜S3）に存在することから、脊髄反射の消失はこれらの脊髄分節の異常を示唆する。なお、本章で述べる部位はすべて脊髄分節を示しているが、椎骨の位置とはズレがあることに注意が必要である（図12-1→p.136）。

神経学的検査表を利用する場合、脊髄反射は「消失（0）」「低下（1）」「正常（2）」「亢進（3）」「クローヌスを伴う亢進（4）」の5段階で評価する。

第1部 総論

膝蓋腱反射

関与する神経
- L4～6

手技
- 検査肢が上になるように動物を横臥位に保定し、膝蓋骨遠位の靱帯部を打診槌で軽く叩く

正常所見
- 下腿部が前方へ蹴り出される

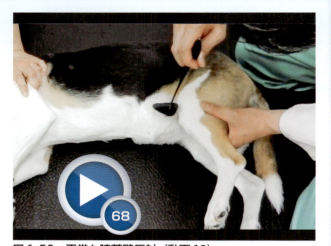

図6-50 正常な膝蓋腱反射（動画68）
打診槌により膝蓋腱を叩くと、膝関節が伸展する。

コツと注意点
- 脊髄反射と共通であるが、打診槌をやさしく持ち、手首のスナップを利かせて叩く
- 動物がリラックスした状態で検査をする
- 緊張した動物では反射が亢進して認められることがあるが、これは真の反射亢進と区別する必要がある
- 坐骨神経の障害がある動物では、膝蓋腱反射の偽性亢進（見かけ上の亢進）がみられる点に注意する

解釈
- 後肢では最も感度および再現性の高い検査である
- 反射の低下や消失：L4～L6脊髄分節または大腿神経の障害を示唆する
- 反射の亢進：L4より頭側のUMNの障害を示唆する

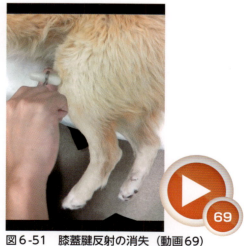

図6-51 膝蓋腱反射の消失（動画69）
ポリニューロパチーにより、膝蓋腱反射が消失している。本症例は、後肢のLMNSと判断される。

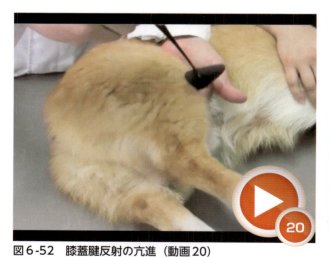

図6-52 膝蓋腱反射の亢進（動画20）
右側後肢の膝蓋腱反射の亢進がみられる。ときどき、反復性の筋収縮（クローヌス）も認められ、本症例は後肢のUMNSと判断される。

前脛骨筋反射

関与する神経
- L6〜7

手技
- 検査肢が上になるように動物を横臥位に保定し、前脛骨筋の筋腹を打診槌で叩く

正常所見
- 前脛骨筋の筋腹を叩くと、足根関節が屈曲する

コツと注意点
- 足根部に手を添えて地面と平行になるように行うと検出しやすくなる
- 健常な動物でも、前脛骨筋反射は検出できないことがある

解釈
- 反射の低下や消失：L6〜7の障害を示唆する
- 反射の亢進：UMNの障害を示唆する

図6-53　正常な前脛骨筋反射（動画70）
前脛骨筋の筋腹を打診槌で叩くと、足根関節が屈曲する。

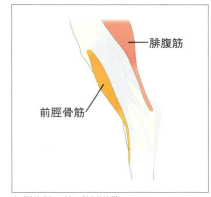

左側後肢の筋（外側観）
König H.E., Liebich H.G., カラーアトラス 獣医解剖学, 2012より引用・改変

腓腹筋反射・坐骨神経反射

関与する神経
- L7〜S1

手技
- 腓腹筋反射は腓腹筋腱、いわゆるアキレス腱を叩くことにより足根関節の伸展を誘発する
- 坐骨神経反射は坐骨結節と大転子の間のくぼみを叩くことで後肢全体が跳ね上がるように動く

正常所見
- 後肢全体が屈曲する

図6-54　正常な坐骨神経反射（動画71）
大転子の内側のくぼみに指をおき、その上から打診槌で叩く。

第1部 総論

コツと注意点

◆ 腓腹筋反射は健常な動物でも発現しにくい反射である
◆ 坐骨神経反射は感度が高い
◆ 坐骨神経反射はくぼみに指をおき、その指を叩くことで誘発できる

解釈

◆ 腓腹筋反射が低下〜消失している場合：脛骨神経または坐骨神経の異常が疑われる
◆ 坐骨神経反射が低下〜消失している場合：坐骨神経の障害が疑われる
◆ 腓腹筋反射が亢進している場合：L7より頭側のUMNの障害が疑われる

図6-55　坐骨神経反射の消失（動画72）
ポリニューロパチーにより、坐骨神経反射が消失している。本症例は、後肢のLMNSと判断される。図6-51と同一症例。

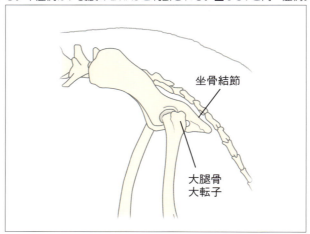

大腿骨、坐骨周辺（左側観）
König H.E., Liebich H.G., カラーアトラス 獣医解剖学, 2012より引用・改変

橈側手根伸筋反射

関与する神経
◆ C7〜T1

手技
◆ 肘関節の直後の橈側手根伸筋を打診槌で叩くことで手根関節の伸展を誘発する

正常所見
◆ 手根関節が伸展する

図6-56　正常な橈側手根伸筋反射（動画73）
手根関節が伸展する。

二頭筋反射

関与する神経
- C6〜8

手技
- 上腕部内側の上腕二頭筋腱に指をおき、外側に少しねじって指の上から打診槌で叩く

正常所見
- 肘関節が屈曲する

コツと注意点
- 正常であっても誘発できないことが多いため、反射が認められなくてもただちに異常とは判断できない

解釈
- 小動物では非常に発現しくい反射であるため、明らかな反射がみられる場合は「反射の亢進」と判断する
- 反射の亢進：C6より頭側の障害を意味する
- 反射が真に消失している場合：C6-8脊髄分節または筋皮神経の障害を疑う

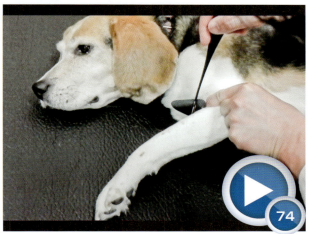

図6-57 正常な二頭筋反射（動画74）
正常な反射は肘関節の軽度の屈曲だが、健常な動物でも誘発されないことが多い。

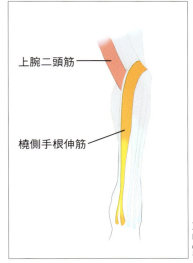

左側前腕部の筋（頭側観）
Evans H.E., et al., Guide to dissection of the dog, 2009より引用・改変

コツと注意点
- 手根部に手を添えて検査を行うと、検査者の視覚だけでなく触覚でも反射の有無を判断できる
- 前肢のなかでは再現性が高い反射であるが、膝蓋腱反射に比べると反射自体は弱い

解釈
- 反射が低下〜消失している場合：C7-T1脊髄分節または橈骨神経の障害が疑われる
- 反射が亢進している場合：C7-T1脊髄分節より頭側のUMNの障害が疑われる

第1部 総論

三頭筋反射

関与する神経
- C7〜T1

手技
- 肘頭に付着する上腕三頭筋腱を打診槌で叩くことで肘関節の伸展を誘発する
- 肘関節を少し屈曲させた状態で行う

正常所見
- 肘関節が伸展する

コツと注意点
- 二頭筋反射と同様に、正常であっても誘発できないことが多いため、反射がみられなくてもただちに異常とは判断できない

解釈
- 反射が明らかに亢進している場合：
  上腕三頭筋は橈骨神経の支配を受けているため、C6より頭側の障害が疑われる
- 三頭筋反射が真に低下〜消失している場合：C7-T1脊髄分節または橈骨神経の障害が疑われる

図6-58　正常な三頭筋反射（動画75）
正常な反射は肘関節の軽度の伸展だが、健常な動物でも誘発されないことが多い。

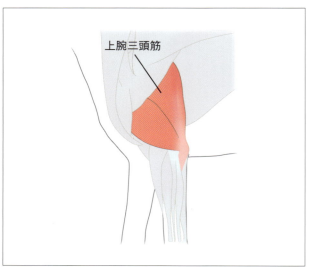

左側前肢の筋（外側観）
König H.E., Liebich H.G., カラーアトラス 獣医解剖学, 2012より引用・改変

引っ込め反射

関与する神経
- 前肢：C6-T1脊髄分節またはこの脊髄分節から派生する神経（腋窩神経、筋皮神経、正中神経、尺骨神経、橈骨神経）
- 後肢：L6-S1脊髄分節または坐骨神経

手技
- 前肢および後肢の肢端の皮膚をつまむことにより検査肢全体を屈曲するかを観察する

正常所見
- 肢端に刺激を与えられた直後に検査肢全体を屈曲する

コツと注意点
- 瞬間的な刺激を加えることが重要である
- 痛覚の検査とは異なり、強くつまむ必要はない
- 「怒る」「振り向く」などの痛覚検査での反応とは区別する

解釈
- 前肢・後肢とも誘発しやすい検査である
- 前肢の反射の低下～消失：C6-T1脊髄分節またはこの脊髄分節から派生する神経（腋窩神経、筋皮神経、正中神経、尺骨神経、橈骨神経）の異常を示唆する
- 後肢の反射の低下～消失：L6-S1脊髄分節または坐骨神経の障害を示唆する
- 反射の亢進（強い反射や引っ込めたままになるなど）：前後肢について、それぞれ上記の脊髄分節よりも頭側の障害を示唆する

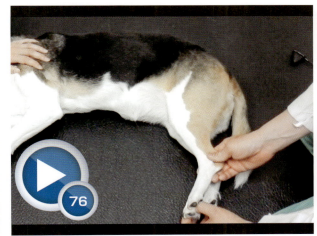

図6-59　正常な引っ込め反射（動画76）
肢端をつまむと肢全体を屈曲させる。

図6-60　引っ込め反射の消失（動画77）
ポリニューロパチーにより、引っ込め反射が消失している。本症例は、後肢のLMNSと判断される。図6-51と同一症例。

第1部 総論

交叉伸展反射

手技
- 交叉伸展反射は引っ込め反射の検査時に対側肢が伸展する反射である

正常所見
- 上位運動ニューロンの抑制が解除されていることで起こる反射であるため、健常動物では交叉伸展反射は認められない

コツと注意点
- 強く保定した状況では判定できない

解釈
- 反射が検出された場合：前肢ではC6、後肢ではL6よりも頭側に病変が存在することを示唆する

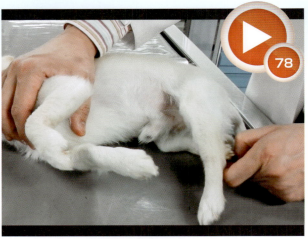

図6-61　交叉伸展反射（動画78）
肢端をつねると対側肢が伸展する。本症例はC5-6の椎間板ヘルニアと診断された。

会陰・肛門反射

関与する神経
- S1～3

手技
- 肛門周囲を刺激することで、肛門括約筋の収縮と尾の屈曲を誘発する

正常所見
- 刺激を与えられた直後に肛門の収縮が起きる
- 同時に、尾は軽く屈曲する（尾を下げる動作）

コツと注意点
- 片側性の障害の場合があるため、肛門の左右をそれぞれ別々に刺激する

解釈
- 反射が低下～消失している場合：S1-3脊髄分節または陰部神経の障害を疑う

図6-62　正常な会陰・肛門反射（動画79）
会陰部と肛門周囲を刺激すると、肛門の収縮と尾の屈曲が誘発される。

皮筋反射

手技
- 背部の傍正中の皮膚をつまむことにより、体幹皮筋の収縮を誘発する
- 尾側から椎体に合わせて順につまんでいき、反射が現れた位置を記録する

正常所見
- 皮膚を刺激すると、両側の体幹の皮筋が収縮する

コツと注意点
- 病変部位に左右差のみられる疾患では病変側のみの反射が消失することがあるため、両側を検査する
- 肩甲部より頭側、L7より尾側では正常であっても反射がみられない
- 肥満した個体では皮膚が大きくずれることがあるため、皮筋反射のみで病変部位を推定するのは危険である

解釈
- 脊髄の障害部位よりも2～3椎体尾側から反射の消失がみられる
- C8-T1脊髄分節から派生する外側胸神経の障害では、障害側の皮筋反射のみが消失する

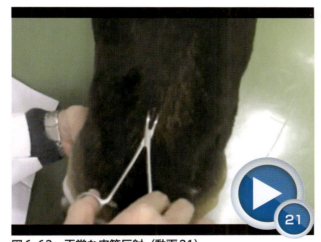

図6-63　正常な皮筋反射（動画21）
傍正中の皮膚を鉗子でつまむと、両側体幹の皮筋が収縮する。

図6-64　皮筋反射の消失（動画80）
左右の傍正中の皮膚刺激において、左側の皮筋反射しか誘発されていない。

第1部 総論

知覚

動物の知覚の検査は、実際には痛覚を評価している。表在痛覚と深部痛覚は脊髄障害の重症度判定に有用であり、知覚過敏や頸部の可動域制限の所見は病変部位の推定に役立つ。これらの検査は痛みを誘発することから、動物にストレスを与え、その後の検査に対して動物が非協力的になることがある。そのため、ほかの検査が終わってから必ず最後に実施する。表在痛覚は「消失（0）」「低下（1）」「正常（2）」の3段階で評価し、知覚過敏や頸部の可動域制限はあり／なし、およびその部位で評価する。

表在痛覚

手技
- 表在痛覚は四肢肢端の皮膚をつまむことで動物が痛みを感じているかどうかを評価する

正常所見
- 「つまんだ方を振り返る」「怒る」「鳴く」「体全体がこわばる」などの行動がみられる

コツと注意点
- 同時に起こる引っ込め反射と混同しない
- 表在痛覚が存在しない症例のみ、深部痛覚の検査に進む

解釈
- 上記のような何らかの行動上の変化がみられれば「痛覚あり」と判断する
- 認められるのがわずかな反応であっても、「反応がない場合」とは明確に区別すべきである
- 痛覚の左右差は病変の左右差と関連するため、重要な判断項目である

図6-65　正常な表在痛覚（動画81）
指間の軟部組織をつねると、振り向く。

図6-66　表在痛覚の消失（動画82）
指間を鉗子でつまむと引っ込め反射がみられる。しかし、表在痛覚は消失しているため、行動の変化は観察されない。

深部痛覚

手技
◆ 骨膜を刺激するように指骨の骨幹部を鉗子ではさむことにより、痛みを感じているかどうかを評価する

正常所見
◆ 表在痛覚と同様に、「つまんだ方を振り返る」「怒る」「鳴く」「体全体がこわばる」などの行動の変化がみられる

コツと注意点
◆ 内側指と外側指で反応が異なる場合があるので、複数の指において検査する
◆ 表在痛覚が存在している動物では、深部痛覚を評価する必要はない（すべきでない）

解釈
◆ 表在痛覚と同様、わずかな変化が重要な所見である
◆ 左右差、重症度の判定に利用する

図6-67　深部痛覚の消失（動画23）
本症例では、表在痛覚（指間の皮膚を刺激）も深部痛覚（指骨の骨膜を刺激）も消失している。

知覚過敏

手技
◆ 一般的には脊椎の知覚過敏を評価する
◆ 動物をできるだけまっすぐに保定し、椎体を1つずつ背側から圧迫することで痛みが誘発されるかどうかを評価する
◆ 頸部の可動域制限では、頸部を上下左右に動かし、動く際の抵抗と痛みの有無を評価する

正常所見
◆ 刺激時に「鳴く」「怒る」「逃げようとする」などの行動の変化はみられない

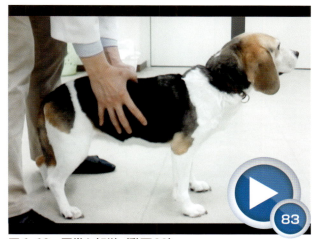

図6-68　正常な知覚（動画83）
各椎体に背側から軽く圧を加えても、痛みは誘発されない。

第1部 総論

コツと注意点

- おとなしい動物では頸部（頸椎の場合）や腹部（胸腰椎の場合）の筋緊張のみがみられることがある
- 脊椎の不安定症（環軸椎不安定症など）では危険な場合があるため、抵抗を示す場合は無理に検査しない

解釈

- 椎間板ヘルニアや脊髄腫瘍などの症例では局所的な痛みを示し得るが、頸部痛や脊髄炎などでは頸背部全体の知覚過敏を示すことがある
- 脳疾患のある動物でも、頸部の触診により疼痛を示すことがある
- 特定の方向に対する可動域が制限されている場合は、その方向に対して疼痛を感じている可能性がある

図6-69　知覚過敏（動画84）
尾側胸椎の触診で疼痛反応がみられる。本症例は、椎間板脊椎炎と診断された。

まとめ

　神経学的検査は、病変の局在を知るために重要な検査である。CT検査やMRI検査などによる画像診断を行う前に、どこを集中的に調べる必要があるかの判断材料になる。また、病変の局在から、病態の推測をすることも可能である。神経学的検査所見の判断は主観的なものが多い。そのため、正常と異常な反射や反応を鑑別するためには、検査手技に慣れ、多くの動物で検査を実施することにより、自分自身の判断基準を養う必要がある。

第2部

各 論

　第2部では、中枢神経および末梢神経の各部位の病変に対する具体的な診断アプローチを解説する。第1部（総論）で解説した3ステップの診断アプローチを意識しながら読み進めてほしい。

- **第7章** 頭蓋内疾患へのアプローチ① ―前脳病変―
- **第8章** 頭蓋内疾患へのアプローチ② ―小脳病変―
- **第9章** 頭蓋内疾患へのアプローチ③ ―脳幹病変―
- **第10章** 前庭疾患へのアプローチ
- **第11章** 顔面神経麻痺と三叉神経麻痺へのアプローチ
- **第12章** 脊髄疾患へのアプローチ① ―C1-5の病変―
- **第13章** 脊髄疾患へのアプローチ② ―C6-T2の病変―
- **第14章** 脊髄疾患へのアプローチ③ ―T3-L3の病変―
- **第15章** 脊髄疾患へのアプローチ④ ―L4-S3の病変―
- **第16章** 末梢神経系疾患へのアプローチ
- **第17章** 排尿障害へのアプローチ

第2部 各論

第7章 頭蓋内疾患へのアプローチ① ―前脳病変―

本章のテーマ
1. 臨床的に重要な前脳の機能を理解する
2. 前脳病変の特徴的な症状を覚える
3. 前脳病変の特徴的な検査所見を覚える

前脳のしごと

　前脳（forebrain）とは、大脳と間脳（図7-1）のことを指す（ここでは、大脳＝終脳のことを指す）。わかりやすくいえば、「小脳テントよりも吻側にある部位」のことである。大脳と間脳は機能的に密接な関連があり、2つのどちらに病変が局在するのかを鑑別することは難しい。そのため、臨床的には前脳病変として1つにまとめて考える。

　前脳は知性、行動、運動の調節、感覚機能、視覚、嗅覚、自律神経のコントロール、ホルモン分泌の中枢としての役割を担っている。したがって、これらの機能に異常が現れている場合に前脳病変を疑うが、小動物ではすべての機能異常が明確な症状として現れるわけではない。

　小動物臨床において最も重要な部位は大脳皮質と白質である。厳密には大脳基底核や大脳辺縁系も大脳に含まれるが、それぞれの機能異常が明確な臨床症状として現れることは少ないため、これらは臨床的にはあまり重要ではない。

前脳病変

　第2部では、神経疾患を病変の位置により頭蓋内疾患と頭蓋外疾患に分けて解説する。頭蓋内病変は次の3つに分けられる。

① 前脳病変
② 小脳病変
③ 脳幹病変

　本章ではまず前脳病変について解説する。前脳病変によって現れる特徴的な症状と検査所見を理解し、局在診断と病態診断のポイントを押さえてほしい。

3ステップによる診断アプローチ

- step 1　問診（動物がいなくてもできる検査）
- step 2　観察（動物に触らずに行う検査）
- step 3　神経学的検査（動物に触って行う検査）

第7章 頭蓋内疾患へのアプローチ① ―前脳病変―

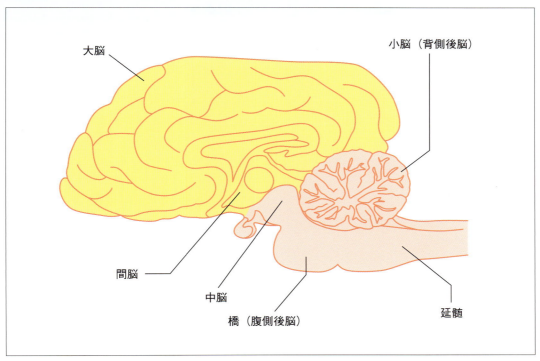

図7-1　前脳（大脳と間脳）の模式図

特徴的な症状と検査所見　―前脳病変を疑う所見―

　前脳病変に伴って認められる症状（**表7-1**）は、問診や観察によって検出されることが多いので、**step 1**と**step 2**がとくに重要である。ヒトと動物では前脳の機能的役割は少し異なり、前脳病変の動物では四肢の麻痺はあまり目立たないことが多い。

表7-1　前脳病変によって出現する特徴的な症状

① てんかん発作（痙攣を伴う全般発作、部分発作）
② 性格、行動の変化
③ 旋回運動、片側空間の無視
④ 片側の前後肢の障害（感覚、運動機能異常）
⑤ 視覚の異常

step 1（問診）からわかること

てんかん発作

　てんかん発作は、前脳病変（とくに大脳病変）に伴って最も頻繁に現れる症状である（**図7-2**、**動画85**）。実際に診察室でてんかん発作を起こすことは少ないため、飼い主への問診が非常に重要になる。てんかん発作が症例のヒストリーに含まれる場合には、次の3つに分類してアプローチする。

- ① 特発性てんかん
- ② 症候性てんかん
- ③ おそらく症候性てんかん

　それぞれのてんかん発作の特徴を**表7-2**に簡単にまとめる。なお、てんかん発作の具体的な診断アプローチについては、多くの成書や参考書に記載されているため、本書では割愛する。

性格の変化

　性格の変化は前脳病変に伴ってときどき現れる症状である。しかし、飼い主はそれを「性格が変わった」と認識していないことがしばしばある。たとえば、おとなしい犬が攻撃的になっている場合、「どこかが痛いのではないか？」または「イライラしているから？」と訴える

第2部 各論

ことがよくあるだろう。もちろん、攻撃的になっている理由としてどこかに痛みがある場合もあるため、痛みによる性格の変化とは鑑別する必要がある。逆に、沈うつという前脳症状の場合、飼い主には「体調が悪いからおとなしくなった」ととらえられることがある。

性格の変化が前脳症状の1つとして現れているのか否かを判断するためには、次のような事項を問診で確認することが重要である。

> ◆ 以前はどのような性格だったのか
> ◆ 現在はどのようなときに怒りっぽくなるのか
> （またはおとなしくなるのか）

行動の変化

行動の変化は、飼い主によって認識されやすい症状といえる。たとえば、「以前は家の中で排泄をしなかったが、排尿をするようになった」とか、「昼夜が逆転して夜鳴きをするようになった」などの変化に飼い主は気づくことが多いだろう。また、徘徊も前脳病変に伴って頻繁に認められる症状である。前脳病変により物音や視覚刺激に過敏になることもある。さらに、前脳病変に伴い、空間認識障害が現れることがある。動物での報告は多くないが、これはヒトではよく知られた障害で、脳梗塞の後遺症としては一般的な障害といわれている。犬では「皿の隅のフードを残す」という症状が典型的である（**図7-3、動画86**）。出現頻度は高くないが、これは前脳病変の非常に特徴的な症状である。

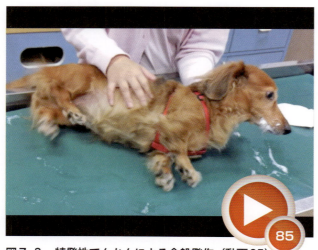

図7-2 特発性てんかんによる全般発作（動画85）
てんかん発作が院内で起こることはあまり多くない。そのため、飼い主が見た発作の様子を詳細に聴取することが重要である。また、可能なら携帯電話やビデオカメラで発作の様子を録画しておいてもらうことで、診断の一助になる。

図7-3 大脳病変による空間認識障害（動画86）
右側大脳の梗塞病変により食器の左隅のフードを食べることができない。この症状は、片側の空間認識障害によって生じていると思われる。

表7-2 てんかんの分類

てんかんの分類	分類の基準	例
特発性てんかん	◆ 脳に器質的病変がない ◆ MRI検査や脳脊髄液検査では異常が検出されない	◆ 脳に器質的な病変がみられない（おそらく遺伝性）
症候性てんかん	◆ 脳に器質的病変がある ◆ MRI検査や脳脊髄液検査で病変を検出することができる	◆ 脳腫瘍 ◆ 脳炎 ◆ 脳内出血
おそらく症候性てんかん	◆ 症候性てんかんと思われるが、検査では病変を検出することができない	◆ 過去の外傷 ◆ MRI検査で検出できないほど軽度の脳梗塞 ◆ 過去の脳虚血

step 2（観察）からわかること

意識状態と反応性の低下

意識状態は脳幹に存在する上行性網様体賦活系（ascending reticular activating system：ARAS）と、そこから大脳に投射する神経のネットワークにより制御されている（図7-4）。大脳病変では意識状態が鈍麻になることがあり、「ぼーっとしている」という印象を受けることが多い。同時に、周囲環境への反応性も鈍くなり、普通の動物なら緊張するはずの診察台の上でも、落ち着きはらっていたりする。また、「（飼い主の）呼びかけに反応しない」「物音に対して反応しない」など、周囲環境への反応性の低下が認められることも多い。

歩様の異常

前脳病変では、重度の歩行障害が現れることは比較的少ないのが特徴である。つまり、「肢が麻痺して歩けない」という症状はあまり見かけない。しかし、歩様異常はよく現れる。たとえば、旋回運動は前脳病変に伴って最も頻繁に現れる歩様異常である（図7-5、動画87）。特徴としては、比較的大回りをするような旋回で、これは前庭障害に特徴的な小回りな旋回と対照的である（前庭障害による旋回は第10章→p.118を参照）。重要なことは、前脳病変によって現れる旋回運動では旋回方向は一定しており、病変側であるということである。つまり、左側大脳に病変のある症例では、左側への旋回が高率に認められる。

また、自発的な旋回運動が認められないからといって、歩様が正常とはいえない。第4章（→p.30）で解説したとおり、片側への旋回ができないことがあり、これもやはり前脳病変に伴って出現することがある。また、歩行は無目的で、ときに延々と続き、障害物にぶつかってもそのまま立っていたり（ヘッドプレス）、隅に入るとうまく方向転換できず、出られなくなったりすることがある（図7-6、動画88）。

視覚障害

第3章（→p.21）で解説したとおり、初期の視覚障害は自宅では気づかれないことがある。しかし、「段差を越えたがらない」「階段の上り下りを避ける」などは視覚障害のサインかもしれない。視覚障害は診察室などの慣れない場所では、より顕著な症状として認められることがある。

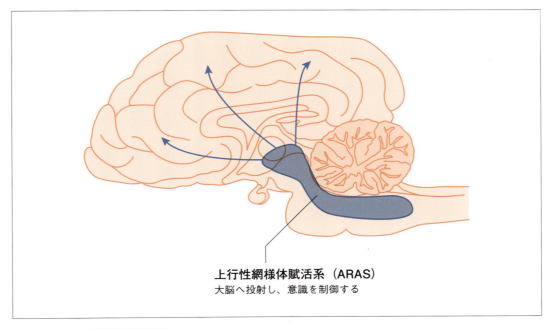

図7-4　上行性網様体賦活系
意識状態は上行性網様体賦活系と大脳とのネットワークにより制御されている。

第2部 各論

図7-5 前脳病変による無目的な旋回運動（動画87）
左側大脳の腫瘍により、病変と同じ方向（左側）に旋回している。歩様自体の明らかな異常は認められない。

図7-6 前脳病変によるヘッドプレス（動画88）
左側大脳に腫瘍が見つかったこの猫は、ケージの中を無目的に左側旋回している。ときおり壁に頭部を押しつけ、動かなくなることがある。

step 3（神経学的検査）からわかること

脳神経の異常

前脳病変では、脳神経検査に異常が認められることがある。よく認められる異常として、威嚇まばたき反応の異常と顔面の感覚鈍麻（知覚低下）が挙げられる。威嚇まばたき反応は複雑な神経経路が関連した反応で、前脳以外にも視覚経路、小脳、脳幹などが関与している（図7-7）。したがって、これらの領域の異常によっても威嚇まばたき反応が異常となる可能性があることを覚えておく必要がある（図7-8、動画89）。

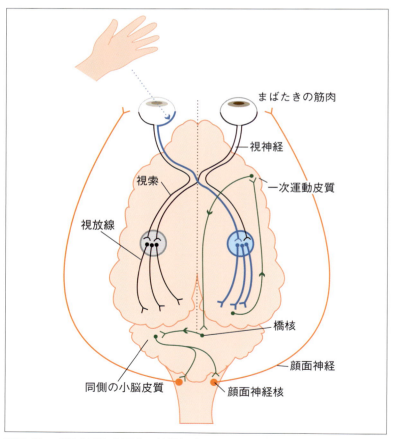

図7-7 威嚇まばたき反応の神経経路
威嚇刺激は網膜→視神経→視索→視放線→（視覚野）→一次運動野→橋核→小脳→顔面神経核を介し、最終的にまばたきの筋肉を収縮させ、まばたきが誘発される。この経路のどこが障害されても威嚇まばたき反応に異常が現れる。

図7-8　威嚇まばたき反応の消失（動画89）
右側威嚇まばたき反応は消失しているが、自発的なまばたきや眼瞼反射は認められる。本症例は左側大脳を主病変とする脳炎と診断された。

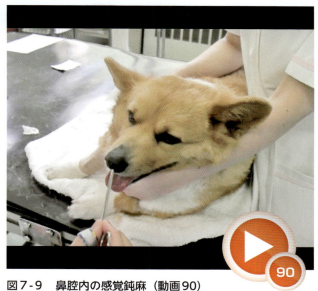

図7-9　鼻腔内の感覚鈍麻（動画90）
右側の鼻腔内に鉗子を挿入するとすぐに顔を背けるが、左側では明らかに反応が鈍い。

■ 顔面の感覚

　顔面の感覚は、口唇や眼周囲を軽く刺激したり、鉗子により侵害刺激を加えたりして調べることができる。正常な反応は「眼瞼を閉じる」「顔面筋を収縮させる」などだが、顔面神経麻痺があればこれらの反応がみられない。また、鼻孔に鉗子を挿入することによっても顔面の感覚を調べることができる。感覚が正常であれば顔を鉗子から遠ざけるように背けるが、感覚鈍麻がある場合には反応が鈍かったり消失したりする（**図7-9、動画90**）。

姿勢反応の異常

　前脳病変に伴って現れる特徴的な四肢の異常は、姿勢反応の異常である。前脳病変では、肢の姿勢反応の異常は病変と反対側に現れる（**図7-10、動画91**）。たとえば、右側大脳の病変によって、左側前後肢の固有位置感覚（CP）の異常、跳び直り反応や踏み直り反応の異常が認められることがある。ただし、このような異常が認められても、歩行させると意外に正常な歩様に見えるということがよくある。

図7-10　姿勢反応の異常（動画91）
右側前後肢の固有位置感覚が消失している。本症例は、左側大脳を主病変とする脳炎と診断された。

第2部 各論

前脳病変による視覚障害

観察によって視覚障害が疑われる場合、神経学的検査によって病変部位を絞ることができる。前脳病変による視覚障害では、次の3カ所のどこかに病変が存在すると考えられる（図7-11）。

> ◆ **間脳にある外側膝状体**
> 　（視覚の神経経路の中継地点）
> ◆ **視放線**
> 　（外側膝状体と大脳後頭葉を結ぶ神経束）
> ◆ **大脳後頭葉**

瞳孔対光反射の神経経路はこれらの領域を経由していないため（図7-12）、通常、病変が前脳に限局していれば反射は正常であるが、眼球自体や視神経に異常があれば瞳孔対光反射は消失する。

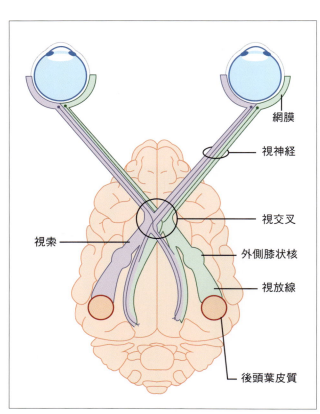

図7-11　視覚の神経経路
網膜に入った情報は視神経→視交叉→視索→外側膝状体→視放線→後頭葉皮質（視覚野）に伝達される。情報が網膜のどの部位に入力されるかによって、どちら側の視覚野に情報が伝達されるかが決定する（紫と緑で表示）。
Fitzmaurice S., *Saunders solutions in veterinary practice: small animal neurology*, 2010より引用・改変

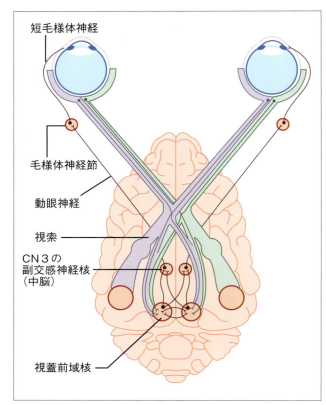

図7-12　瞳孔対光反射の神経経路
網膜に入った情報は、視神経→視交叉→視蓋前域核（中脳）→CN3の副交感神経核→動眼神経→毛様体神経節→毛様体神経を介して瞳孔を収縮させる。
Fitzmaurice S., *Saunders solutions in veterinary practice: small animal neurology*, 2010より引用・改変

前脳病変の病態診断

前述のような異常が認められ、病変が前脳に存在すると判断されれば、次にどのような病態を引き起こす疾患かを考えていく（病態診断の進め方は第2章→p.10～を参照）。ポイントはシグナルメント（とくに年齢）、ヒストリー（臨床経過、治療への反応性）、痛みの有無などであり、DAMNIT-V分類を用いて病態を推測する。また、症状や検査所見から病変の分布（限局性、多巣性、びまん性）を推測し、病態を考えていく（第5章→p.36～を参照）。前脳病変を引き起こす代表的な疾患を表7-3にまとめる。

表7-3　前脳病変を引き起こす代表的な疾患など

	分類	代表的な疾患など	
D	変性性疾患	◆ ライソゾーム病	
A	奇形性	◆ 水頭症	
M	代謝性	◆ 低酸素症 ◆ 糖代謝障害：低血糖、高血糖（糖尿病性ケトアシドーシス） ◆ 肝性脳症 ◆ 尿毒症性脳症	
N	腫瘍性	◆ 原発性脳腫瘍：髄膜腫、神経膠腫 ◆ 転移性脳腫瘍	
I	非感染性／感染性	非感染性	◆ 肉芽腫性髄膜脳炎 ◆ 壊死性脳炎
		感染性	◆ 犬ジステンパーウイルス感染症 ◆ 猫伝染性腹膜炎 ◆ トキソプラズマ症 ◆ クリプトコッカス症
I	特発性	◆ 特発性てんかん	
T	外傷性、中毒性	◆ 頭部外傷 ◆ 殺虫剤、殺鼠剤、イベルメクチンなどの薬剤による中毒	
V	血管障害性	◆ 脳梗塞 ◆ 頭蓋内出血	

まとめ

日々の診療のなかで、前脳病変をもつ症例に遭遇することは比較的多いだろう。前脳病変に特徴的な症状や検査所見、問診において重要な事項をしっかりと理解しておくことが大切である。同時に、疑われる病態についても考える必要があり、それによって診断プランが明確になる。精査をする前にここまで詰めることができれば、最も効率のよい検査を選択することができるはずである。

本章のポイント

1. 臨床的に重要な前脳の機能
   前脳は知性、行動、意識状態の制御を行う。歩行運動自体よりも歩行の制御（方向やペース）において重要な役割を担う
2. 前脳病変の特徴的な症状
   てんかんが最も多い。行動や性格の変化、旋回運動、視覚障害などが特徴的である
3. 前脳病変の特徴的な検査所見
   威嚇まばたき反応の異常および反対肢の姿勢反応の異常

第2部 第7章

症例6

図7-13 症例6（動画92）

シグナルメント
ミニチュア・ダックスフンド、雌、6カ月齢

主訴
痙攣、歩行時のふらつき

ヒストリー

現病歴	2カ月前にペットショップから購入したが、そのときから歩様が正常ではなかった。約1カ月前に数回の全般発作がみられた。また、食欲はあるが、最近はぼーっとしていることが多い
既往歴	なし
食事歴	市販ドライフード
予防歴	混合ワクチンは接種済み
家族歴	不明
飼育歴（飼育環境）	室内飼育（外には散歩に出る）
治療歴	なし

観察および神経学的検査

表7-4 症例6の観察および神経学的検査所見

項目	所見
意識状態	◆ やや低下
観察	◆ 呼びかけに対する反応は鈍い ◆ 動作は緩慢 ◆ 頭部はややドーム型を呈す ◆ 四肢のふらつき
脳神経検査	◆ 異常なし
姿勢反応	◆ 四肢で低下
脊髄反射	◆ 異常なし

臨床検査

血液検査 異常なし
胸・腹部X線検査 異常なし

まず考える病態

　早く診断名をつけたくなるが、まずはじっくりと病態を考える。本症例では、若齢であること、てんかん発作、歩様障害、意識障害などの前脳の異常を疑う症状が発現していること、慢性進行性の経過であることが重要である。

　まず、6カ月齢という若齢で好発する疾患から考える。若齢動物に好発する疾患として、炎症性、奇形・先天性、栄養性疾患の3つがある（第2章→p.11）。このうち炎症性疾患（感染性疾患も含む）は通常は急性進行性であるため、本症例の場合は可能性が低くなる。また、栄養性疾患は食事歴（食事内容や偏ったサプリメントの投与など）の問診により除外した。したがって、本症例では奇形・先天性疾患を優先的に考える。

- ◆ 炎症性（感染性）疾患：通常は急性進行性
- ◆ 奇形・先天性疾患
- ◆ 栄養性疾患：問診から除外

観察と神経学的検査による局在診断

　観察からは、6カ月齢の子犬にしては本症例の意識状態は低く、動作も緩慢であると感じる。歩行は可能だが、四肢のふらつきが認められ、身震いをした後には倒れそうになっている。動画に音声は含まれていないが、呼びかけに対する反応性が鈍いことも確認された。また、外貌から、頭部はややドーム型を呈していることがわかる。

　これらの異常所見から、病変は前脳に存在する可能性が高いと考えられる。観察では症状に顕著な左右差がなく、神経学的検査では四肢の姿勢反応の低下があることから、症状はやはり左右に同程度に認められていると判断することができる。

- ◆ 意識状態は低く、動作も緩慢 ┐
- ◆ 四肢のふらつき　　　　　　├ 病変は前脳に存在？
- ◆ 頭部はややドーム型　　　　┘
- ◆ 症状に顕著な左右差がない ┐ 症状は左右で
- ◆ 四肢の姿勢反応の低下　　　┘ 同程度

病変分布から考えられる病態

　病変の分布を考えることにより、病態のヒントが得られることがある。本症例の症状は体の両側にほぼ同程度に出現しているので、少なくとも限局性の病変ではないと推測される。したがって、前脳を障害するびまん性または多巣性の病変が存在すると考えられる。

- ◆ 症状は左右で同程度
  ⇒ びまん性または多巣性の病変

　優先的に考えるべき病態として、奇形・先天性疾患を挙げたが、前脳をびまん性または多巣性に障害する疾患を考えていく。

鑑別診断と必要な追加検査

　奇形・先天性疾患で前脳をびまん性または多巣性に障害する疾患としては、水頭症が最も重要である。水頭症は最終的には脳の断層診断が必要になるが、その前に脳の超音波検査によって確認することが可能である。先天性疾患のなかには遺伝的な疾患もあるが、遺伝性疾患については、本症例の遺伝的背景の調査（血統書に基づく家系調査）や、遺伝子変異が同定されている疾患に対する遺伝子検査が検討されるべきである。

追加検査所見

　泉門をアコースティックウィンドウとして脳の超音波検査を実施したところ、両側性に側脳室の拡大が認めら

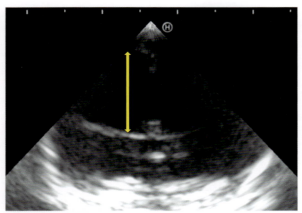

図7-14 脳の超音波画像
両側の側脳室は重度に拡大している（⇔）。

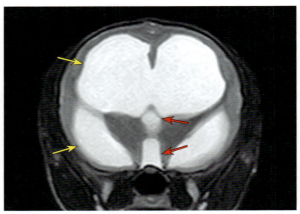

図7-15 脳のMRI画像
T2強調横断像。両側側脳室の重度な拡大（⇨）と第三脳室の拡大（⇨）が認められる。頭蓋内圧亢進症のために脳溝は消失している。

れた（図7-14）。大脳と側脳室の比である脳室大脳比（VB ratio）は58.7％（基準範囲＜14％）であり、脳室拡大は重度と判断された。続いて行われた脳のMRI検査では、側脳室に加え、第三脳室と第四脳室の拡大も認められ、頭蓋内圧亢進症の所見も認められた（図7-15）。

診断

水頭症

治療と経過

本症例に対しては、水頭症に対する内科治療と外科治療（脳室-腹腔シャント術）を行った。その後、頭蓋内圧はコントロールされ、一般状態は顕著に改善した（図7-16、動画93）。

図7-16 術後2週間目の様子（動画93）
術前に比べ、意識状態は明らかに清明で、動作が機敏になっている。

第2部 各論

第8章 頭蓋内疾患へのアプローチ② ―小脳病変―

本章のテーマ
1. 臨床的に重要な小脳の機能を理解する
2. 小脳病変の特徴的な症状を覚える
3. 小脳病変の特徴的な検査所見を覚える

小脳のしごと

　小脳（図8-1）は体の平衡、運動、姿勢を制御し、スムーズな運動を可能にしている。上位運動ニューロン（UMN）によって引き起こされた随意運動を円滑に行えるように調整したり、平衡を保ち、筋緊張を調整したりすることで正常な姿勢を維持する役割を担っている。小脳は左右3対ある小脳脚で脳幹（中脳、橋、延髄）と連絡している。この連絡路を通じて大脳や脊髄、前庭器官から随意運動の情報や体の各部位（頭部、体幹部、四肢）の位置情報を集め、それをフィードバックすることにより調整機能を果たしている。

小脳病変

　小脳に異常があればこれらの機能が損なわれるため、異常の多くは動物の観察により検出できる。したがって、局在診断においては小脳病変に特徴的な症状を理解することが重要である。

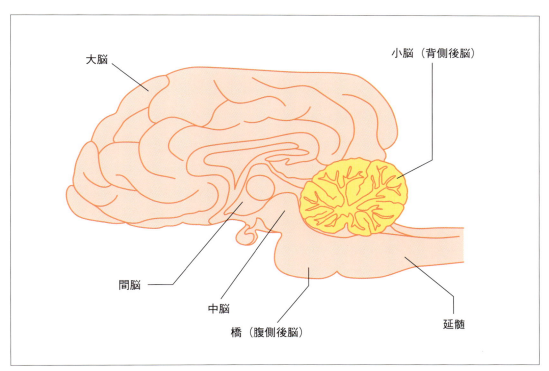

図8-1　脳の模式図
小脳は脳幹（橋と延髄）の背側、大脳の尾側に位置し、小脳と脳幹は小脳脚によって接続されている。大脳と小脳の間には小脳テントが存在する。

3ステップによる診断アプローチ

- **step 1** 問診（動物がいなくてもできる検査）
- **step 2** 観察（動物に触らずに行う検査）
- **step 3** 神経学的検査（動物に触って行う検査）

特徴的な症状と検査所見　―小脳病変を疑う所見―

　小脳は中枢神経のなかでも特殊な機能をもっている。そのため、小脳疾患によって現れる臨床症状も特徴的であり、それらを知っておくだけで局在診断に役立つだろう。症状の多くは歩様や姿勢の異常として現れるため、観察は最も重要な検査である。

step 1（問診）からわかること

　第2章（p.10）で解説したが、step 1の大きな目的は病態の推測である。小脳に多い病態として、次の2つがある。

- ◆ I：炎症性疾患（肉芽腫性髄膜脳炎）
- ◆ V：血管性疾患（梗塞）

また、比較的珍しい病態として、次の2つがある。

- ◆ D：変性性疾患
  （ライソゾーム病、小脳皮質アビオトロフィー）
- ◆ A：奇形・先天性疾患（小脳欠損、小脳低形成）

小脳病変を起こす代表的な疾患を**表8-1**にまとめる。

これらの鑑別には、発症年齢や症状の経過などが重要な情報となる。

　小脳の本来の機能を考えれば、小脳に異常が生じたときに現れる症状が想像できる。つまり、平衡感覚が障害され起立できない、運動の制御ができないため異常な歩様になる、などの症状が起きる。また、正常な姿勢が維持できない場合にも、起立や歩行に障害が出る可能性がある。しかし、飼い主は「首が曲がってまっすぐ歩けない（たとえば症例7のような場合）」「体が揺れて、ときどき倒れそうになる」などと訴えるため、病変の局在診断には大きなヒントにならない。したがって、実際にどのような姿勢、歩様、不随意運動が生じているのかを評価するために、局在診断においてはstep 2（観察）が最も重要になる。

表8-1 小脳病変を引き起こす代表的な疾患など

	分類	代表的な疾患など
D	変性性疾患	◆ ライソゾーム病 ◆ 小脳皮質アビオトロフィー
A	奇形性	◆ 小脳低形成 ◆ キアリ様奇形
M	代謝性	―
N	腫瘍性	◆ 原発性腫瘍：髄芽腫、髄膜腫、脈絡叢腫瘍（第四脳室） ◆ 転移性腫瘍
I	炎症性／感染性	非感染性　◆ 肉芽腫性髄膜脳炎 感染性　◆ 犬ジステンパーウイルス感染症 　　　　◆ 猫伝染性腹膜炎 　　　　◆ 猫パルボウイルス感染症 　　　　　（胎生期の感染により小脳低形成を引き起こす）
I	特発性	◆ 振戦症候群
T	外傷性	◆ 頭部外傷
T	中毒性	◆ メトロニダゾール中毒
V	血管障害性	◆ 小脳梗塞 ◆ 小脳出血

step 2（観察）からわかること

姿勢

小脳疾患では特徴的な運動失調が現れる。運動失調とは、歩行時などに運動の協調性が障害された状態のことを指す。また、運動強度の調節が障害されることにより突発的な動作が認められることがある。

■ 開脚姿勢

動物が静止しているときには、運動失調やバランスの障害により、体を支えるために左右の肢の間隔が広くなり、開脚した姿勢をとる。これは開脚姿勢（wide-based stance）と呼ばれ、小脳疾患以外にも前庭障害や固有位置感覚の異常に伴って認められることもある。

■ 除小脳固縮

除小脳固縮は実験的に小脳を除去したときにみられる姿勢だが、臨床的には急性に小脳の広範囲が障害された場合（例：外傷、大きな小脳梗塞）に認められる。頭頸部を背側へ反らし、前肢は伸展硬直し、後肢は屈曲して腹部の下へ入り込むような姿勢をとる（図8-2、動画94）。病変が腹側小葉に及んだ場合には、後肢の伸展硬直も認められる。一方、病変が小脳に限局している場合には、意識障害は伴わない。

除小脳固縮と除脳固縮

除小脳固縮とよく似た姿勢に、吻側脳幹の病変に伴って認められる除脳固縮があるが、除脳固縮では四肢の伸展硬直が特徴的である。また、意識状態は昏迷あるいは昏睡状態であることが多い。このような違いにより、除脳固縮と除小脳固縮を区別することができる。

第2部 各論

図8-2　除小脳固縮の姿勢（動画94）
本症例は、小脳の出血性病変が疑われた。

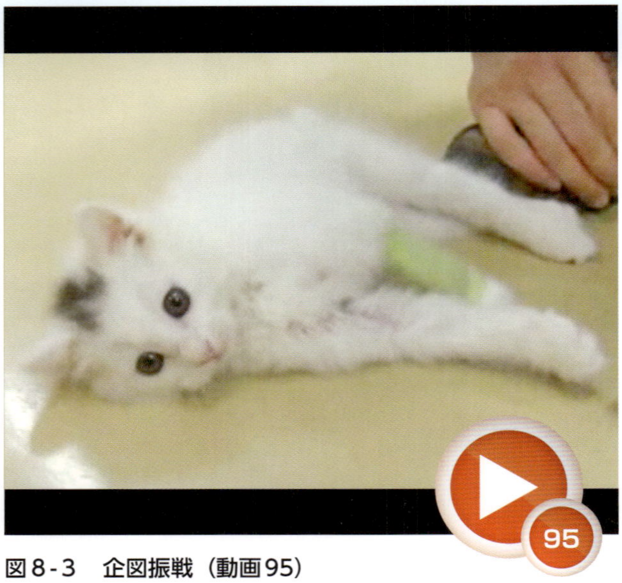

図8-3　企図振戦（動画95）
動作を始めると振戦が強くなるが、休止時には振戦は生じない。

図8-4　小脳病変による測尺障害（動画12）
小脳に形成された腫瘍により、歩行時の測尺過大がみられる。測尺過大は右側前後肢に顕著にみられるが、左側前後肢にも認められる。

図8-5　逆説性前庭障害（動画96）
左側への捻転斜頸と右側前後肢の測尺過大が認められる。小脳障害に起因する捻転斜頸では小脳の病変と反対側への傾きが認められ、逆説性前庭障害と呼ばれる。

不随意運動

■ 企図振戦

　企図振戦は1秒間に数回程度の振戦で、体幹部にも現れるが、一般に頭頸部の振戦が最も目立つ。頭部は前後左右、上下にも揺れ、目標物に近づくととくに激しくなるため、動物に食事やおもちゃを与えるとより顕著になる。食事や水を与えたときには、測尺障害によって器と鼻端の距離を一定に保つことが困難なため、鳥が餌をついばむように食べる様子が特徴的である。測尺障害とは、物との距離がうまく測れない状態をいう。また、振戦は安静時や寝ているときには消失する（**図8-3**、**動画95**）。

歩様の異常

　小脳疾患により現れる最も特徴的な歩様異常は、測尺障害である（**図8-4**、**動画12**、**図8-5**、**動画96**）。測

尺障害によって目標を超えて過大な運動が生じる測尺過大と、運動が目標に届かない測尺過小が起こる。

■ 測尺過大

一般的に、小脳疾患をもつ動物の歩行では測尺過大が認められる。小脳疾患で認められる測尺過大では、四肢の屈曲が正常に抑制されないために関節の過剰な屈曲が起こるのが特徴的で、肢を高く上げて大げさな歩様を示す（図8-4、動画12）。

通常は平坦な地面を歩かせて観察するが、運動失調が軽度な動物や肢の短い犬種などでは、観察による歩様異常の検出が困難な場合がある。そのような症例では、階段の昇降をさせることで症状が明瞭化する場合がある。

平衡障害

小脳疾患では、平衡感覚の障害と運動失調によりバランスがうまくとれなくなる。その結果、さまざまな程度のふらつきや転倒がみられる。小脳が対称性もしくはびまん性に障害されている場合には、左右あるいは前後どちらの方向に対しても転倒が起こる。体幹部や頭部の揺れを伴い千鳥足のように見えるため、「酔っぱらい歩行」と表現されることもある。

逆説性前庭障害

通常、前庭障害により捻転斜頸がみられる場合には、病変側に頭部が傾く。しかし、小脳障害に起因する捻転斜頸では小脳の病変と反対側への傾きが認められ、逆説性前庭障害（または奇異性前庭障害）と呼ばれる（図8-5、動画96）。この症状は、片側性の後小脳脚や片葉小節葉に及ぶ小脳髄質病変に伴って発現する。小脳は、後小脳脚を介して同側の前庭神経核を抑制性に支配している。前庭機能と密接に関与している片葉小節葉やその情報伝達経路である後小脳脚が片側性に障害を受けると、小脳病変と同側の前庭神経核への抑制がなくなることにより、相対的に反対側の前庭核からの刺激が低下した状態になる。それにより、小脳病変と同側の伸筋群と対側の屈筋群の活動が促進され、病変とは反対側に頭部が傾くことになる。一般的に、逆説性前庭障害で認められる斜頸は末梢性前庭障害で認められる斜頸に比べて軽度なことが多いようである。また、これと同時に、片側性の病変により病変と同側肢の測尺過大が認められる。

> #### 頸髄障害による測尺過大
>
> 頸髄病変をもつ動物でも測尺過大が認められることがある。これは、頸部の脊髄小脳路の障害によると考えられている。小脳障害で起こる測尺過大と混同しないように注意が必要だが、頸髄病変の場合は肢を遠くへ伸ばすようなoverreachingと呼ばれる歩様が特徴的である。

step 3（神経学的検査）からわかること

脳神経の異常

■ 姿勢性眼振

正常位では眼振が認められなくても、体位を変えて仰臥にしたり、頭位を変えたりすることで眼振が誘発されることがある（図8-6、動画97）。これを姿勢性眼振と呼ぶ。末梢性前庭障害による眼振の方向は一定で変化しないが、小脳や脳幹病変に伴う中枢性前庭障害の場合は眼振の方向は一貫せず、頭位に伴って変化することがある。

■ 振子眼振

一般的に認められる眼振には、緩徐相（眼球が病変側へゆっくりと引っ張られていく）と急速相（すばやく正常位へ戻る）があり、律動性眼振と呼ばれる。これに対して両方向にほぼ同じリズムで揺れる眼振を振子眼振と呼び、小脳疾患でまれにみられることがある。

■ 威嚇まばたき反応の消失

小脳病変に伴い、威嚇まばたき反応の消失がしばしば認められるが、その詳細なメカニズムは解明されていな

第2部 各論

図8-6 姿勢性眼振（動画97）
仰臥位にすると垂直性眼振が認められる。

図8-7 小脳の先天的部分欠損（動画98）
バランスがとれず起立困難だが、運動機能の低下は認められない。

い。片側性病変がある場合には病変と同側の眼で威嚇まばたき反応が消失し、びまん性に障害されているときには両眼で消失する。重要なのは、このとき視覚や顔面神経の機能には異常がないということである。したがって、自発的な瞬目は可能で、眼瞼反射も正常に誘発される。また、物にぶつかることもなく、威嚇刺激に対する回避行動がみられることもある。

姿勢反応の異常はみられない

通常、小脳疾患では姿勢反応の検査で異常は認められない。ただし、跳び直り反応の検査では測尺過大のために過剰に肢を高く上げたり、遠くへ着いたりする反応がみられることがある。

運動失調には、固有位置感覚の異常に伴う場合、前庭障害に伴う場合、小脳疾患に伴う場合がある。いずれの運動失調も運動の協調性の喪失やバランスの異常を伴うため、これらの鑑別が必要となる。固有位置感覚の異常に伴う運動失調の場合には姿勢反応は低下～消失するため、小脳性の運動失調と鑑別することができる。脳幹に近い小脳脚に病変がある場合には固有位置感覚の低下を伴うことがあるため、注意が必要である。

麻痺はみられない

運動失調と不全麻痺／麻痺はしばしば混同されがちだが、運動失調は運動の協調不全であり、不全麻痺／麻痺は運動機能が減弱あるいは消失した状態のことをいう。小脳には随意運動を引き起こす機能はなく、小脳に限局した病変では不全麻痺や麻痺は認められない。小脳疾患の症状が重篤である場合には、重度な運動失調やバランスの喪失から起立困難や横臥状態になることはあるが、そのような状態でも筋の緊張度は保たれており、強い随意運動を伴っている（**図8-7、動画98**）。運動機能や筋力の低下を伴うときには、脊髄、脳幹、末梢神経の障害を疑うべきである。

同側性に現れる症状

大脳病変では症状が体の反対側に現れるが、小脳疾患では症状が病変と同側に現れるのが特徴である。腫瘍性病変や血管性病変では片側の小脳に限局した病変が形成されることがあり、この場合の症状は病変と同側に現れる。一方、変性性疾患や炎症性疾患では、びまん性もしくは多発性に病変が形成されることが多く、症状は左右両側に現れる。

まとめ

　小脳には炎症性疾患や血管性疾患が好発するため、甚急性〜急性発症の症例に遭遇することが多い。そのため、診断にもスピードが要求される。幸い、小脳病変の症状は非常に特徴的であり、ほとんどは「観察」によって判断できる。本章で述べた小脳病変に伴う特徴的な症状を押さえ、スピーディーな診断と治療ができるようにしておきたい。

本章のポイント

1 臨床的に重要な小脳の機能
　　小脳は体の平衡、運動、姿勢を制御し、スムーズな運動を可能にする

2 小脳病変の特徴的な症状
　　平衡感覚、運動、姿勢のいずれにも異常がみられることがある。小脳疾患では、運動時に症状が顕著にみられる

3 小脳病変の特徴的な検査所見
　　観察によって検出できる異常が多い。姿勢反応の異常や麻痺はみられない

症例 7

図8-8　症例7（動画99）

シグナルメント

パピヨン、避妊雌、12歳11カ月齢

主訴

捻転斜頸、ふらつき

ヒストリー

現病歴	1週間前から右側への捻転斜頸が始まり、後肢がもつれる。その後、左側前肢もうまく使えなくなってきた
既往歴	約1年前に口腔内の悪性メラノーマを切除し、放射線療法と化学療法により治療している。1カ月前に悪性メラノーマの肺転移が確認された
食事歴	市販ドライフード
予防歴	混合ワクチンと狂犬病ワクチンは接種済み、フィラリア予防は毎年実施している
家族歴	不明
飼育歴（飼育環境）	室内飼育
治療歴	悪性メラノーマに対する放射線治療と化学療法

観察および神経学的検査

表8-2　症例7の観察および神経学的検査所見

項目	所見
意識状態	◆ 清明（正常）
観察	◆ 右側への捻転斜頸 ◆ 歩行可能だがふらつく ◆ ときおり、右側へ転倒する ◆ 左側前後肢の測尺過大
脳神経検査	◆ 異常なし（眼振や斜視は認められない）
姿勢反応	◆ 異常なし
脊髄反射	◆ 異常なし
痛覚	◆ 四肢すべて表在痛覚あり

まず考える病態

本症例のポイントは高齢であること、臨床経過は急性進行性パターンであること、悪性腫瘍の既往歴があることである。疑われる病態としては炎症性または腫瘍性疾患を考えるが、既往歴から、腫瘍性疾患が鑑別診断リストのトップに挙げられる。

- ◆ 高齢動物の急性進行性パターン
- ◆ 悪性腫瘍の既往歴あり

→ ◆ 炎症性疾患？
◆ 腫瘍性疾患？

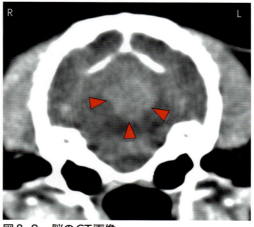

図8-9 脳のCT画像
静脈性造影CT画像。小脳のやや左側寄りに、造影剤により増強される腫瘤性病変が認められる（▶）。

観察と神経学的検査による局在診断

右側への軽度な捻転斜頸、バランスの喪失から、前庭障害を考える。また、測尺過大から小脳障害が疑われ、左側前後肢にみられることからは同側性つまり左側小脳の病変が疑われる。この2つの症状（捻転斜頸と測尺過大）は、逆説性前庭障害（→p.101）に一致する。また、本症例では脳神経検査と姿勢反応に異常は認められなかった。

- ◆ 右側への捻転斜頸
- ◆ バランスの喪失 ｝前庭障害？
- ◆ 測尺過大 ⇒ 小脳障害？
- ◆ 測尺過大は左側前後肢 ⇒ 左側小脳の病変？

｝逆説性前庭障害？

診断

悪性メラノーマの転移（疑い）

本症例ではCT検査を行い、左側の小脳脚領域に造影剤増強効果を伴う腫瘤性病変が確認された（図8-9）。既往歴と経過から、転移性腫瘍（悪性メラノーマ）が強く疑われた。

鑑別診断と必要な追加検査

ここまでの検査所見から、左側小脳の腫瘍性もしくは炎症性疾患が疑われるため、CT検査もしくはMRI検査による画像診断が必要である。

第2部 各論

第9章 頭蓋内疾患へのアプローチ③
―脳幹病変―

本章のテーマ
1. 臨床的に重要な脳幹の機能を理解する
2. 脳幹病変の特徴的な症状を覚える
3. 脳幹病変の特徴的な検査所見を覚える

脳幹のしごと

　脳幹（図9-1）は中脳、橋、延髄から構成される。脳幹は脳の底部から尾側に位置しており、生命の維持に関わる中枢が含まれる。具体的には呼吸および心拍の中枢、排尿、排便、嚥下、嘔吐の中枢が脳幹に存在する。また、脳幹には上行性網様体賦活系（ascending reticular activating system：ARAS）が存在し、そこから大脳に投射する神経のネットワークにより意識状態が維持されている。さらに、体の姿勢や動きも脳幹による制御を強く受けている。中脳から延髄にかけては多くの脳神経（CN）核（CN1・CN2以外の脳神経）が存在し、脳神経が起始している。

脳幹病変

　脳幹にはほとんどの脳神経核が存在するため、脳幹病変によって多様な症状が出現する。脳幹病変では生命に関わる重篤な状態に陥ることも珍しくないため、特徴的な症状をつかみ、脳幹病変を正しく見極めることが重要である。

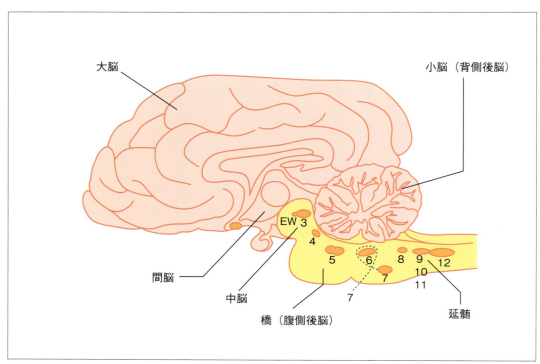

図9-1　脳の模式図
広義には間脳も脳幹の一部として扱うこともあるが、臨床的には脳幹は**中脳、橋、延髄**のことを指す。
＊EW（Edinger-Westphal nucleus）核：エディンガー・ウエストファル核（動眼神経副交感神経核）
Fitzmaurice S., *Saunders solutions in veterinary practice: small animal neurology*, 2010 より引用・改変

第9章　頭蓋内疾患へのアプローチ③　―脳幹病変―

3ステップによる診断アプローチ

- **step 1**　問診（動物がいなくてもできる検査）
- **step 2**　観察（動物に触らずに行う検査）
- **step 3**　神経学的検査（動物に触って行う検査）

特徴的な症状と検査所見　―脳幹病変を疑う所見―

前述の通り、脳幹は姿勢や運動の制御、意識状態の維持に関わる機能をもっている。さらに、脳幹には生命維持に重要な中枢と、ほとんどの脳神経核が存在している。このように、脳幹の機能は多岐にわたるため、脳幹病変によって現れる症状は多様である。しかし、最も特徴的なのは脳神経障害である。脳幹に病変が存在すると、いずれかまたは複数の脳神経障害が現れる可能性がある。脳幹病変によって出現することがある症状を表9-1にまとめる。

表9-1　脳幹病変によって出現する症状

病変の存在が疑われる部位	特徴的な症状
中脳、橋、延髄	意識状態の変化 歩様の変化
橋、延髄	同側の姿勢反応の異常
中脳	対側の姿勢反応の異常
CN 3	瞳孔対光反射の低下、消失
CN 3 CN 6 CN 4（まれ）	斜視
CN 5	咀嚼筋の対称性の変化 顔面の知覚の低下
CN 7	顔面の対称性の変化 威嚇まばたき反応の低下、消失
CN 8	捻転斜頸 眼振 姿勢性斜視
CN 9 CN10	嚥下困難 吐出 消化管の運動性低下
CN12	舌の対称性の変化

＊CN（cranial nerve）：脳神経

第2部 各論

step 1 （問診）からわかること

捻転斜頸

　捻転斜頸は前庭障害としてよく現れる症状であり、飼い主によっても認識されやすい（図9-2、動画100）。前庭障害は、病変の局在により中枢性と末梢性に分けられる。脳幹に病変が存在する場合を中枢性前庭障害と呼び、捻転斜頸は病変と同側に現れる。しかし、病変が小脳脚に及んでいる場合、病変と反対側に捻転斜頸（逆説性前庭障害）を示すことがあるため、問診のみでは病変側を特定することができない。

意識状態の変化

　脳幹病変によって、無気力など、意識状態の変化を伴うことがある（図9-3、動画101）。飼い主によっては「吠えなくなった」または「おとなしくなった」と認識している場合がある。前脳病変（第7章→p.87）でも解説したが、前脳病変によっても性格の変化や行動の変化が現れる場合があるため、病変の局在を判断するためには、次の3つを問診で詳しく聴取することが重要である。

> ◆ 随伴する症状
> ◆ 症状の経過
> ◆ 以前の性格や行動

　また、「吠えない」のか、「吠えることができない（声がかすれている）」のかを評価することも重要である。

図9-2　脳幹病変による捻転斜頸（動画100）
左側脳幹病変による、左側捻転斜頸と転倒傾向が認められる。

図9-3　脳幹病変による意識状態の異常（動画101）
意識状態は鈍麻であり、無目的に歩行している。

step 2 （観察）からわかること

眼振

　眼振は前庭障害としてよく現れる症状である（図9-4、動画102）。しかし、軽度の眼振は飼い主が気づいていないことも多いため、注意深く動物を観察する必要がある。眼振は眼球の動き方により、水平性、垂直性、回転性に分類される。中枢性前庭障害ではどの方向にも眼振が起きる可能性があるが、末梢性前庭障害の多くでは水平性または回転性眼振を示す。垂直性眼振や姿勢性眼振は、中枢性前庭障害による可能性が高いと考えられる。

意識状態と姿勢

　脳幹の障害では、大脳での同等の障害と比較してより広範囲のARASを障害するため、意識に顕著な影響を与

第9章　頭蓋内疾患へのアプローチ③ —脳幹病変—

図9-4　脳幹腫瘍による回転性眼振（動画102）
急速相（眼振の速い相）で時計回りの回転性眼振が認められる。

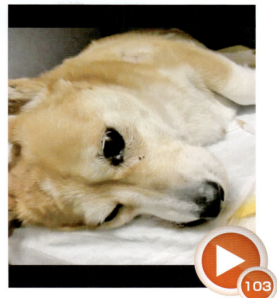

図9-5　脳幹の転移性腫瘍による昏睡（動画103）
眼振も認められる。

える。昏迷は大脳、脳幹のいずれの病変でも起こるが、一般的に昏睡は脳幹の障害で引き起こされる（**図9-5**、**動画103**）。さらに、脳幹病変により異常な姿勢（除脳姿勢、後弓反張）を示すことがある（**図9-6**、**動画104**）。

歩様の異常

脳幹病変では、運動失調や不全麻痺により顕著な歩様の変化を示すことがある。病態が重度である場合、歩行や起立は不可能となる。また、脳幹病変において斜頸を呈す場合、病変側へのふらつき、転倒、小回りの旋回運動（前庭障害の特徴）がみられる。前脳病変（第7章→p.89）でも述べたが、前脳病変によって現れる旋回運動は無目的で比較的大回りなのが特徴である。

図9-6　脳幹病変による異常姿勢（動画104）
右方向への側弯と頭部の回旋が認められ、昏迷状態である。

step 3（神経学的検査）からわかること

脳神経の異常

第Ⅲ脳神経（CN3）～CN12は脳幹に起始するため（**図9-1**→p.106）、脳幹に異常のある症例では、脳神経検査により異常が検出される可能性がある。さらに、小脳などほかの領域に病変が波及していることもあるため、1つひとつの脳神経をていねいに検査していくことが重要である。

脳幹病変で認められる異常には、顔面の知覚の低下（CN5の障害）や威嚇まばたき反応の異常（CN7の障害）がある。顔面の知覚の異常は眼角、口唇、鼻粘膜を鉗子で刺激することで調べることができる。前脳病変（第7章→p.90）でも述べたが、威嚇まばたき反応には視覚経

109

第2部 各論

路、前脳、小脳なども関与しているため、これらの領域の異常によっても反応が低下〜消失することがある。また、前庭障害（CN8の障害）に関連する異常もよく確認される。

姿勢反応の異常

脳幹病変に伴う四肢の異常としてよく認められるのが、姿勢反応の異常である。脳幹病変が中脳の赤核より頭側に存在する場合は対側性の姿勢反応の異常が認められ、中脳の赤核より尾側（橋、延髄含む）に存在する場合は同側性の姿勢反応の異常が認められる。このような異常に加えて、捻転斜頸、眼振、ふらつき、転倒、起立困難などを認めることがある（**図9-7**、**動画105**）。

脳幹病変の病態診断

病変が脳幹に存在すると判断されれば、次にどのような病態を引き起こす疾患なのかを考えていく。病態診断の進め方は、「問診から得られる情報」（第2章→p.10〜）を参照していただきたい。ポイントはシグナルメントとヒストリー（臨床経過、治療への反応性）であり、DAMNIT-V分類を用いて病態を推測する。また、症状

図9-7　中枢性前庭障害と姿勢反応の異常（動画105）
右側捻転斜頸と右側前後肢の姿勢反応（跳び直り反応）の消失が認められる。

や検査所見から病変の分布（局所性、多巣性、びまん性）を推測し、病態を考えていく（第5章→p.43）。脳幹病変を引き起こす代表的な疾患を**表9-2**にまとめる。

まとめ

脳幹病変では脳神経の障害による症状が現れることが多く、これらの異常は観察や神経学的検査により検出される。脳神経の異常においては、中枢性か（つまり脳幹病変か）末梢性かの鑑別が重要であり、それにより治療の方向性や予後が決まる。中枢性の脳神経異常の場合は、病態にかかわらず予後は要注意であり、検査のための麻酔におけるリスクも高い。生死に関わる状態である場合は、精査ができない状況で診断を進めなければいけない局面もあるため、系統的な診断アプローチがより重要となる。

表9-2 脳幹病変を引き起こす代表的な疾患など

	分類	代表的な疾患など	
D	変性性疾患	◆ ライソゾーム病	
A	奇形性	◆ 後頭蓋窩のくも膜憩室と髄膜瘤 ◆ ダンディー・ウォーカー症候群	
M	代謝性	◆ ビタミンB₁（チアミン）欠乏症	
N	腫瘍性	◆ 原発性脳腫瘍：髄膜腫、第四脳室の脈絡叢腫瘍、三叉神経の神経鞘腫瘍、神経膠腫、上衣腫、リンパ腫（とくに猫）	
		◆ 転移性脳腫瘍	
I	炎症性／感染性	非感染性	◆ 肉芽腫性髄膜脳炎 ◆ 壊死性脳炎
		感染性	◆ 犬ジステンパーウイルス感染症 ◆ 猫伝染性腹膜炎 ◆ ネオスポラ症 ◆ トキソプラズマ症 ◆ ワクチン接種後の脳炎 ◆ 細菌性髄膜脳炎 ◆ ヘルペスウイルス脳炎
T	外傷性	◆ 脳ヘルニア ◆ 脳挫傷	
T	中毒性	◆ メトロニダゾール中毒	
V	血管障害性	◆ 脳幹梗塞 ◆ 脳幹出血	

本章のポイント

1 臨床的に重要な脳幹の機能
脳幹には生命維持に重要な中枢と意識状態を制御するARASが存在し、CN 3～12の核が存在する

2 脳幹病変の特徴的な症状
脳神経の異常（とくに前庭神経）、意識状態の変化（重度の意識状態の低下）などは脳幹病変を強く疑う症状である

3 脳幹病変の特徴的な検査所見
脳神経の症状がみられて姿勢反応の異常を伴う場合は、中枢性の脳神経異常が疑われ、脳幹病変を考える

症例8

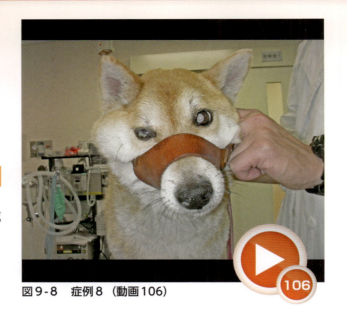

図9-8　症例8（動画106）

シグナルメント

柴、去勢雄、9歳1カ月齢、体重8.5kg

主訴

捻転斜頸、ふらつき

ヒストリー

現病歴　以前から右側捻転斜頸がみられ、耳を痛がることがあった。また、いびきがあり、右眼には眼脂が認められる。最近になって、足がふらつくようになった

既往歴　とくになし

食事歴　市販ドライフード

予防歴　不明

家族歴　不明

治療歴　現在はセファレキシン、プレドニゾロン（0.75mg/kg SID）、ビタミン剤を投与している。プレドニゾロンの注射または経口投与によって症状は落ち着くが、投薬を減量すると再発する

観察および神経学的検査

表9-3　症例8の観察および神経学的検査所見

項目	所見
意識状態	◆ 清明（正常）
観察	◆ 軽度の右側捻転斜頸 ◆ 鼻鏡がやや右側に偏位 ◆ 右眼の乾性角結膜炎（KCS）および瞬目不能 ◆ 歩様は異常なし
脳神経検査	◆ 右眼の威嚇まばたき反応および眼瞼反射の消失
姿勢反応	◆ 右側前肢：固有位置感覚の低下 ◆ 両側後肢：固有位置感覚の消失
脊髄反射	◆ 異常なし
痛覚	◆ 四肢すべて表在痛覚あり

まず考える病態

本症例は中～高年齢で、ヒストリーから、症状はゆっくりと進行していることがわかる（慢性進行性）。中毒性物質の摂取、投薬や外傷歴は問診により除外された。本症例では腫瘍性または変性性疾患であることが疑われた。年齢からは炎症性疾患の可能性はあまり高くはないと思われるが、炎症性疾患も鑑別診断リストには含まれる。

- ◆ 腫瘍性疾患
- ◆ 変性性疾患
- ◆ 炎症性疾患
- ◆ 中毒性疾患 ┐問診から除外
- ◆ 外傷性疾患 ┘

観察と神経学的検査による局在診断

右側捻転斜頸がみられることから、右側CN8の障害が疑われる。また、右側眼瞼反射および威嚇まばたき反応の消失、瞬目不全が認められたことから、右側CN7の障害も疑われる。

- ◆ 右側への捻転斜頸 ⇒ 右側CN8の障害？
- ◆ 右側眼瞼反射の消失 ┐
- ◆ 右眼威嚇まばたき反応の消失 ├ 右側CN7の障害？
- ◆ 右側の瞬目不全 ┘

病変分布から考えられる病態

神経学的検査では右側CN7およびCN8の異常が疑われ、姿勢反応の異常も右側に認められた。この結果から、病変は右側脳幹に存在すると考えることができる。

本症例は限局性病変の可能性が最も高く、シグナルメント、ヒストリー、各検査所見から、腫瘍性疾患を強く疑う。

- ◆ 右側CN7・8の障害の疑い ┐
- ◆ 右側の姿勢反応の異常 ┘ 前庭障害？
- ◆ 意識状態の軽度低下
  ⇒ 中枢性前庭障害（脳幹病変）？

鑑別診断と必要な追加検査

腫瘍性疾患が疑われるため、脳のMRI検査や脳脊髄液検査が必要となる。また、内耳周辺の頭蓋骨や鼓室胞の状況を確認するためにCT検査を実施し、X線検査や血液検査も行った。

追加検査所見

脳のMRI検査では、右側中耳領域を中心とした腫瘤が確認された。腫瘤は内耳から頭蓋内へ浸潤し、脳幹を圧迫していた（図9-9）。腫瘤はT2強調像で等～高信号、T1強調像で低～等信号の混合像を示した。造影後T1強調像では腫瘤の辺縁が増強された。また、触診では認められなかった右側側頭筋の萎縮が明瞭に確認された。

同時に実施したCT検査では、鼓室胞が破壊され、頭蓋骨を融解し頭蓋内に腫瘤が浸潤しているのが確認された（図9-10）。腫瘍性疾患が疑われたため、飼い主には腫瘤の生検を含めたさらなる精査が提示された。本症例では生検は実施されなかったが、画像所見からは真珠腫性中耳炎が強く疑われた。

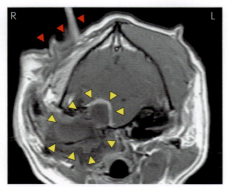

図9-9　脳のMRI画像
造影T1強調短軸断像。右側中耳領域から橋にかけて、辺縁に造影増強効果を呈する腫瘤（▷）が認められる。また、右側側頭筋や咬筋の萎縮（▶）が認められる。

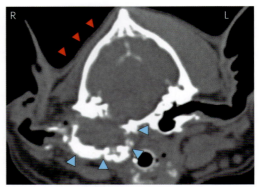

図9-10　脳のCT画像
短軸断像。鼓室胞が破壊され、頭蓋骨が融解している（▷）のが確認される。さらに、右側側頭筋（▶）や咬筋の萎縮も認められる。

第2部 各論

第10章 前庭疾患へのアプローチ

本章のテーマ
1. 臨床的に重要な前庭器官の機能を理解する
2. 前庭疾患の特徴的な症状と検査所見を覚える
3. 前庭疾患の末梢性と中枢性の鑑別ポイントを整理する

前庭疾患

本稿では各論の4つ目として、前庭疾患の診断アプローチを解説する。前庭器官は体勢の維持と眼球運動の制御を行っており、前庭疾患は臨床現場で遭遇することの多い疾患である。前庭疾患の症状は特徴的であり、動物の観察が診断のカギとなる。治療法や予後を決定するうえで、前庭疾患の症状が末梢性か中枢性かを判断することが重要となる。

前庭系のしごと

前庭系は、末梢前庭系と中枢前庭系から構成される（図10-1）。

末梢前庭系

末梢前庭系は、内耳に存在する受容器（膜迷路）と受容器からの情報を中枢に伝える前庭神経（第Ⅷ脳神経：CN 8）からなる。静止時の頭の位置と直線加速度を感知する受容器は球形嚢と卵形嚢に存在し、両者をまとめて耳石器と呼ぶ。そして、半規管に存在する膨大部稜（ampulla）はおもに頭部の回転加速度を感知する。犬や猫では、これらの受容器は側頭骨（岩様部）に埋没して存在している（骨迷路）。

中枢前庭系

受容器からの情報は、中枢前庭系に伝えられる。中枢前庭系は、脳幹に存在する4つの前庭神経核から構成される。小脳の一部（前庭小脳）も前庭機能と密接に関係しており、中枢前庭系の一部をなしている。前庭神経核は内側縦束と呼ばれる神経の束を通って、CN 3（動眼神経）・CN 4（滑車神経）・CN 6（外転神経）の脳神経核とシナプスを形成し、眼球運動を制御している。また、脊髄を下行して筋緊張の調節（前庭脊髄路）、バランスと平衡感覚の認知（視床投射路）、および運動時の平衡や姿勢の維持（小脳投射路）に関係する。前庭神経核からの軸索は、脳幹に存在する嘔吐中枢にも投射される。

3ステップによる診断アプローチ

- step 1 問診（動物がいなくてもできる検査）
- step 2 観察（動物に触らずに行う検査）
- step 3 神経学的検査（動物に触って行う検査）

第2部 各論

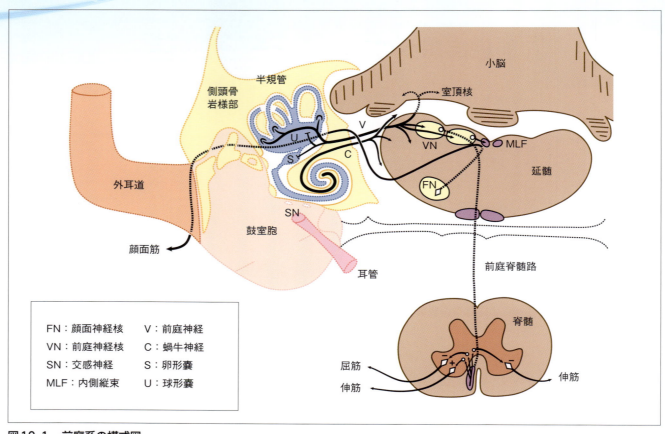

図10-1　前庭系の模式図
末梢前庭系は側頭骨岩様部に存在する受容器（半規管：semicircular canal、球形嚢：sacculus、卵形嚢：utricle）と前庭神経からなる。また、中枢前庭系は延髄の前庭神経核と小脳（前庭小脳）からなる。前庭神経核は内側縦束を経てCN 3（動眼神経）・CN 4（滑車神経）・CN 6（外転神経）の脳神経核、前庭脊髄路、介在ニューロンを経て脊髄の運動神経とシナプスを形成している。

これらのネットワークにより、前庭系は重力に対する体のバランスと方向性の制御および眼球運動の制御をしている。前庭系は頭部の直線的な加速と回転性の運動を感知し、頭部の位置に対する眼、体幹および肢の位置の維持に重要なはたらきをしている。

特徴的な症状と検査所見　―前庭疾患を疑う所見―

動物の観察をすることで、ほとんどの前庭疾患の特徴的な症状を検出することができる。そのなかには、末梢性前庭疾患と中枢性前庭疾患に共通する症状や、どちらかでのみ観察される症状が存在する。したがって、それぞれの症状を理解し、病変の局在診断を行うことが重要である。これらの症状は片側性に認められることが多く、症状は病変側に現れる。後述する両側性の前庭疾患（→p.118）はまれな病態であり、症状も一般的な前庭疾患とは異なっている。

step 1（問診）からわかること

意識状態の変化

末梢性前庭疾患では、通常、意識状態は清明（正常）である。一方、中枢性前庭疾患の場合は、脳幹に存在する上行性網様体賦活系（ARAS）の障害による意識状態の低下（鈍麻、昏迷）が認められることがある（**動画101**→p.108）。意識状態の低下は、飼い主には「いつもより元気がない」「呼びかけても反応が鈍い」などと認識されるかもしれない。

捻転斜頸

捻転斜頸（head tilt）は飼い主によって気づかれやすい症状である。捻転斜頸とは頭部が傾き、左右の耳の位置が水平ではない状態を指す（**図10-2**）。このとき、下になった耳の方向に捻転斜頸が存在すると考えられる。

捻転斜頸は片側性の前庭疾患の症状であり、末梢性あるいは中枢性にかかわらず、頭部の傾きは同側性の病変の存在を示す。しかし、第8章（**動画96**→p.100）で紹介した逆説性（奇異性）前庭障害の場合には、病変と反対側に捻転斜頸が認められるため、注意が必要である。

嘔吐

前庭障害では平衡感覚の異常によって嘔吐が認められることがあり、これは車酔いと同様の症状と考えられる。また、前庭神経核は脳幹の嘔吐中枢に投射しているため、前庭障害により前庭系が刺激されると、嘔吐中枢が直接刺激されることにより嘔吐が引き起こされると考えられている。

図10-2 右側捻転斜頸
通常は、下になった耳の側に病変が存在する。

頭位回旋

捻転斜頸と間違えやすい異常として、頭位回旋（head turn）がある。頭位回旋とは、左右の耳の位置は水平のまま、頭を左右どちらかに旋回させる姿勢である（**図10-3**、**動画107**）。これは捻転斜頸とは区別する必要がある。

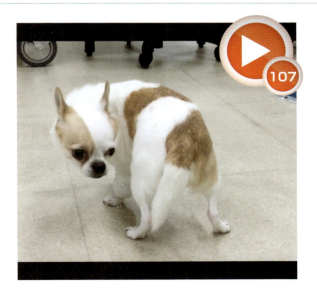

図10-3 左側への頭位回旋（動画107）
両耳の位置はほぼ水平のまま、頭部が左側へ曲がっている。

step 2（観察）からわかること

姿勢の異常

　前庭系は頸部、体幹、肢の筋緊張を制御している。このため、中枢性前庭疾患では、両側体幹の筋緊張の不均衡により側弯症がみられることがある（**図10-4**、**動画108**）。

旋回運動

　旋回運動も片側性前庭障害を示唆しており、通常、末梢性・中枢性ともに捻転斜頸と同側に認められる（**動画4**→p.22）。前庭疾患が重度である場合は、転倒や軸転運動（ローリング）が認められることもある（**図10-5**、**動画109**）。旋回運動は前脳疾患でも認められるが（**動画87**→p.90）、前庭疾患では前脳疾患に比べ、より半径の小さい旋回が特徴である。

眼振

　眼振とは、一方向へのゆっくりとした眼の動き（緩徐相）と、その後に起こる反対方向への急速な眼の動き（急速相）のことを表す。このような眼振を律動性眼振と呼ぶ。前庭疾患の動物では、頭部が固定されているときに眼振（自発眼振）が観察されることがあり、緩徐相が病変側へ向かう水平性眼振が最も多く認められる（**図10-6**、**動画110**）。これは、病変側の前庭神経核への入力が障害されることによって頭部の回転を誤認識し、病変側への眼球運動（緩徐相）が発生する。そして、それをリセットするために病変側と反対側に急速相が起こることで、律動性眼振が発生する。このとき、急速相が認められる方向を眼振の「向き」として表現する（たとえば、左側への急速相が認められる場合を左側眼振と呼ぶ）。眼振は前庭疾患の急性期に多くみられるが、慢性化すると中枢性代償により消失することがある。

　回転性眼振は猫では瞳孔の形から判断しやすいが、犬の場合は水平性眼振や垂直性眼振と区別がつきにくいことがある。この場合、網膜や強膜の血管を確認することにより判断することができる（**動画102**→p.109）。垂直性眼振は、上下方向に揺れる眼振を指し、観察によって容易に認識できる。

　一般的には、末梢性前庭疾患では、水平性眼振または回転性眼振が観察される。一方、中枢性前庭疾患では、水平性眼振、垂直性眼振、または回転性眼振が観察される。つまり、垂直性眼振が認められる場合は、中枢性前庭疾患を疑うことになる。急速相と緩徐相がなく、眼球が振り子のように揺れる場合は振子眼振と呼び、これは小脳病変を示唆する（第8章→p.101参照）。

両側性前庭疾患

　両側性前庭疾患では、一般的に捻転斜頸や旋回は認められず、低い姿勢、頭部の横方向への揺れ、バランスの喪失による幅広いスタンスが観察される（**図10-7**、**動画111**）。また、通常、自発性眼振や頭位変換性眼振は認められず、生理的眼振は欠如する。

図10-4　中枢性前庭疾患によって生じた異常姿勢（動画108）
体幹と四肢の筋緊張の制御ができず、右側への側弯と旋回を示している。

図10-5　軸転運動（動画109）
重度の平衡障害のために左側への軸転運動（ローリング）を示している。

図10-6　水平性眼振（動画110）
右側前庭障害により、右側捻転斜頸と左側水平性眼振（左側への急速相）がみられる。

図10-7　両側性前庭障害（動画111）
左右への頭部の大きな揺れが認められる。本症例では、生理的眼振の欠如も認められた。

step 3（神経学的検査）からわかること

脳神経の異常

　第Ⅶ脳神経（CN 7）は側頭骨岩様部を走行するため、末梢性前庭疾患では同側の顔面神経の異常が認められることがある（図10-8、動画112）。一方、中枢性前庭疾患では、脳幹に存在する病変によりCN 5〜12の異常に起因する症状が認められることがある。詳細は第9章で解説した「脳神経の異常」（→p.109〜）を参照していただきたい。

ホルネル症候群

　眼球を支配する交感神経は鼓室胞を走行するため、末梢性前庭疾患では病変側にホルネル症候群が認められることがある。縮瞳、眼球陥没、第三眼瞼の突出、眼瞼下垂などがホルネル症候群の特徴的な症状である。

姿勢反応の異常

　姿勢反応の検査は、末梢性と中枢性の前庭疾患を鑑別するうえで最も重要な検査である。ほかの疾患がない限り、末梢性前庭疾患では姿勢反応は正常に保たれる。一方、中枢性前庭疾患では脳幹の障害によって、病変側で

第2部 各論

図10-8　末梢性前庭疾患に併発した顔面神経麻痺（動画112）
右側の末梢性前庭疾患により右側捻転斜頸が生じている。同時に右側の威嚇まばたき反応と眼瞼反射が消失しており、右側顔面神経麻痺の存在が疑われる。

図10-9　姿勢性斜視と眼振（動画113）
頭部の伸展により左眼の腹外側性斜視が誘発される。右側眼振（急速相が右側）もみられる。

頭位変換性眼振、斜視

前庭系はCN 3、CN 4、CN 6と接続して、正常な眼球位置と眼球運動を制御している。これによって、頭部の動きや傾きを感知して視線を正しい位置に固定することができる。前庭疾患の動物では、通常の頭位では正常であっても、頭位変換により眼振や斜視が出現することがある。頭位変換は頭部を背弯させる、もしくは動物を仰臥位に保定することにより行う。前庭疾患では、末梢性、中枢性ともに病変側の眼球の腹外側性斜視が認められるのが一般的である（図10-9、動画113）。また、中枢性前庭疾患の場合、頭位変換によって眼振が誘発されたり、眼振の方向が変化したりすることがある（図10-10、動画114）。

図10-10　姿勢性（回転性）眼振（動画114）
本症例では、仰臥位にすると回転性の眼振が誘発されている。

生理的眼振

生理的眼振は、動物の頭部を左右に振ることによって誘発される正常な眼振である（図10-11、動画115）。これは前庭動眼反射によるもので、頭部の回転方向と反対方向に緩徐相が認められ、同側方向に急速相が認められる。この眼球運動（生理的眼振）は視覚に依存していないため、後天的に視覚を喪失した動物でも認められる。生理的眼振の消失は、前庭動眼反射に関わるいずれかの神経の機能異常を示している（図10-12、動画116）。また、両側性前庭疾患の動物でも、生理的眼振は低下または消失する。

の固有位置感覚の低下や消失、不全麻痺、跳び直り反応／手押し車反応／姿勢性伸筋突伸反応の異常などが認められることがある（動画105→p.110）。姿勢反応の異常所見は病変の局在を診断するために非常に重要であるが、重度な前庭疾患の動物では、捻転斜頸などにより正確な姿勢反応の検査が不可能な場合もある。

第10章 前庭疾患へのアプローチ

図10-11 正常な生理的眼振（動画115）
健常な動物では、前庭動眼反射により、頭部の動きに追いつくような律動性の眼球運動がみられる。

図10-12 生理的眼振の消失（動画116）
本症例では、左方向へ頭部を回旋させたときに生理的眼振が誘発されない。

前庭疾患の病態診断

前庭疾患の診断は、いくつかの特徴的な症状さえ確認できれば、さほど困難ではない。臨床的に重要なのは、末梢性と中枢性の前庭疾患の鑑別である。なぜなら、前庭疾患は末梢性か中枢性かで治療法や予後が大きく異なる可能性があるからである。末梢性前庭疾患と中枢性前庭疾患における典型的な検査所見の違いを**表10-1**に示した。また、前庭障害を起こす代表的な疾患を末梢性と中枢性に分けて、**表10-2**にまとめる。

表10-1 末梢性/中枢性前庭疾患における症状と検査所見の違い

臨床症状	末梢性前庭疾患	中枢性前庭疾患
眼振（の方向）	水平性、回転性	水平性、回転性、垂直性
頭位変換性眼振	（通常は）認められない	眼振が出現、または眼振の方向が変化することがある
意識状態	清明	低下している場合が多い
姿勢反応	異常なし	病変側で低下している場合がある
顔面神経麻痺およびホルネル症候群	ときおり認められる	まれ（末梢性前庭疾患よりも出現頻度が低い）
そのほかの脳神経検査の異常	顔面神経麻痺以外はまれ	CN 5～12の異常が認められる場合がある

第2部 各論

表10-2 末梢性/中枢性前庭疾患を引き起こす代表的な疾患など

	分類	末梢性前庭疾患	中枢性前庭疾患	
D	変性性疾患		◆ ライソゾーム病	
A	奇形性	◆ 先天性前庭症候群	◆ 水頭症 ◆ くも膜憩室 ◆ キアリ様奇形	
M	代謝性	◆ 甲状腺機能低下症	◆ ビタミンB_1（チアミン）欠乏症	
N	腫瘍性	◆ 線維肉腫 ◆ 軟骨肉腫 ◆ 骨肉腫 ◆ 扁平上皮癌	◆ 原発性腫瘍：髄膜腫、神経膠腫、脈絡叢腫瘍、上衣腫 ◆ 転移性腫瘍	
I	炎症性／感染性	◆ 中耳炎／内耳炎 ◆ 炎症性ポリープ	非感染性	◆ 肉芽腫性髄膜脳炎 ◆ 壊死性脳炎
			感染性	◆ 犬ジステンパーウイルス感染症 ◆ 猫伝染性腹膜炎 ◆ トキソプラズマ症 ◆ ネオスポラ症 ◆ 細菌性髄膜脳炎 ◆ クリプトコッカス症 ◆ ボルナ病（脳炎）
I	特発性	◆ 特発性前庭疾患		
T	外傷性	◆ 中耳・内耳領域の外傷	◆ 頭部（脳幹）外傷	
T	中毒性	◆ 耳毒性をもつ薬剤 （アミノグリコシド系抗菌薬など）	◆ メトロニダゾール中毒	
V	血管障害性		◆ 脳幹梗塞 ◆ 脳幹出血	

まとめ

本章では、臨床的に遭遇することの多い前庭疾患について解説した。前庭疾患では末梢性と中枢性の鑑別を正しく行うことが重要で、そのためにはそれぞれの鑑別ポイントを理解しておく必要がある。中枢性前庭障害が疑われる場合は、脳幹に異常があると考えられるため、生命予後に影響することが多い。そのため、中枢性前庭障害が疑われる症例に対しては、より積極的に精査を実施し、なるべく早期に診断と治療を行うべきだろう。

本章のポイント

1. 臨床的に重要な前庭器官の機能
   前庭器官は体勢の維持と眼球運動の制御を行っている
2. 前庭疾患の特徴的な症状と検査所見
   前庭疾患では、平衡感覚、姿勢、眼球の動きや位置などの異常が現れる
3. 前庭疾患の末梢性と中枢性の鑑別ポイント
   中枢性であれば、前庭障害の症状に加えて、ほかの脳神経の異常や意識の異常も同時に現れることがある。姿勢反応の異常も中枢性前庭疾患を疑う所見である

症例9

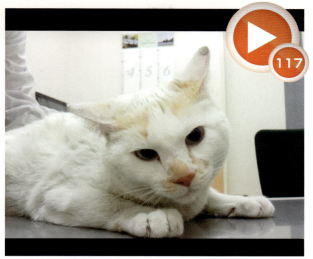

図10-13 症例9（動画117）

シグナルメント

雑種猫、去勢雄、2歳2カ月齢、体重 3.54kg

主訴

食欲低下、右側捻転斜頸

ヒストリー

現病歴	1カ月前から食欲低下、3週間前から右側捻転斜頸および膿の排出を伴う右耳の外耳炎が認められた
既往歴	とくになし
食事歴	市販ドライフード
予防歴	行っていない
家族歴	不明
飼育歴（飼育環境）	餌を食べに来ている野良猫
治療歴	発症2日後に麻酔下にて耳道洗浄および抗菌薬の投与を実施した。翌日には捻転斜頸の悪化および一時的な眼振が認められた

観察および神経学的検査

表10-3　症例9の観察および神経学的検査所見

項目	所見
意識状態	◆ 清明（正常）
観察	◆ 右側捻転斜頸 ◆ 眼振は認められない
脳神経検査	◆ 異常なし
姿勢反応	◆ 異常なし
脊髄反射	◆ 異常なし
痛覚	◆ 四肢すべて表在痛覚あり

まず考える病態

本症例は若齢で、ヒストリーから、短期間での症状の悪化が認められる。若齢動物における急性進行性の病態であるため、炎症性疾患や奇形・先天性疾患が疑われる。年齢（2歳齢）からは、腫瘍性疾患の可能性は低いと考えられる。また、野良猫であるため、外傷性や中毒性疾患については鑑別する必要がある。

- ◆ 炎症・先天性疾患
- ◆ 奇形性疾患
- ◆ 外傷性疾患
- ◆ 中毒性疾患

観察と神経学的検査による局在診断

観察では右側捻転斜頸が認められた。発症直後には眼振も認められていたことから、前庭疾患が疑われる。意識状態は清明で、ほかの脳神経や四肢の姿勢反応に異常が認められなかったことから、病変の局在は右側の末梢前庭器官と考えられた。

- ◆ 捻転斜頸 ┐ 前庭疾患？
- ◆ 眼振　　┘
- ◆ 意識状態は清明 ┐
- ◆ ほかの脳神経に異常なし ├ 末梢性前庭疾患？
- ◆ 四肢の姿勢反応に異常なし ┘
- ◆ 右側捻転斜頸 ⇒ 病変の存在は右側

病変分布から考えられる病態

認められる症状は右側前庭器官の障害と一致しており、その他の異常は認められないため、限局性病変と考えることができる。シグナルメント、ヒストリーおよび各検査所見より、炎症性（とくに感染症）または外傷性疾患の可能性が高いと考えられる。

- ◆ 炎症性疾患
- ◆ 外傷性疾患

鑑別診断と必要な追加検査

右側末梢前庭器官の炎症性疾患（中耳炎または内耳炎）と外傷の鑑別が必要であるため、耳鏡検査、頭部X線検査およびMRI検査やCT検査による中耳から内耳領域の評価が必要と考えられた。もし画像診断により中耳炎が疑われれば、鼓膜穿刺による中耳内容物の採取、細胞診、細菌培養検査が必要である。

追加検査所見

頭部のX線検査においては、明らかな異常は認められなかった。MRI検査およびCT検査により、右側中耳内に液体の貯留が認められた（図10-14、10-15）。なお、頭部の外傷が疑われる所見は認められなかった。

診断

感染性中耳炎

CT検査と同時に行った鼓膜穿刺による中耳内容物の培養検査所見から感染性中耳炎と診断し、抗菌薬による治療が開始された。

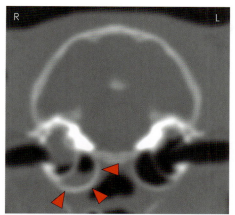

図10-14　頭部CT画像
頭部の短軸断像。右側鼓室胞内の液体貯留が疑われる。また、右側鼓室胞壁の肥厚（▶）が認められるが、骨折や骨破壊像などは認められない。

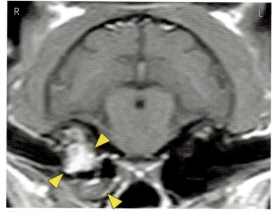

図10-15　頭部MRI画像
造影T1強調短軸断像。右側鼓室胞内は造影剤により不均一に増強されている（▷）。病変の周囲軟部組織や脳幹への浸潤像は認められない。

第2部 各論

第11章 顔面神経麻痺と三叉神経麻痺へのアプローチ

本章のテーマ
1. 顔面神経と三叉神経の機能を理解する
2. 顔面神経麻痺と三叉神経麻痺の特徴的な症状を覚える
3. 顔面神経麻痺と三叉神経麻痺の検査所見を把握する

脳神経のしごと

　脳神経とは脳へ直接出入りする末梢神経の総称であり、左右に12対が存在する（図11-1）。機能的には、運動神経、感覚神経、自律神経に分けられ、単一の機能を果たしている脳神経もあれば、複数の機能を果たしている脳神経もある。たとえば、視神経は視覚情報だけを伝える感覚神経であるが、顔面神経は運動神経（表情筋の動き）、感覚神経（味覚）、自律神経（涙や唾液の分泌）のすべての機能を担う神経である。

顔面神経のしごと

　顔面神経はおもに顔面の表情筋の運動をつかさどっている。顔面神経の細胞体は頭側延髄に位置し、軸索は内耳神経と隣接して脳幹を出て、中耳を通過する（図10-3→p.117）。その後、耳や眼瞼、鼻、頬、口唇、顎の筋群を神経支配する。また、顔面神経は涙腺や口蓋腺、鼻腺も神経支配し、これらの腺の分泌機能にも関与している。

三叉神経のしごと

　三叉神経は顔面および頭部の知覚をつかさどっている。三叉神経の感覚受容器は頭部と顔面、角膜に分布しており、顔面全体の知覚を感知し、橋にある三叉神経主感覚核や延髄～第1頸髄にある三叉神経脊髄路核に刺激を伝達する。三叉神経の一部は側頭筋や咬筋に分布し、咀嚼筋の運動をつかさどっている。

3ステップによる診断アプローチ

- **step 1** 問診（動物がいなくてもできる検査）
- **step 2** 観察（動物に触らずに行う検査）
- **step 3** 神経学的検査（動物に触って行う検査）

第11章　顔面神経麻痺と三叉神経麻痺へのアプローチ

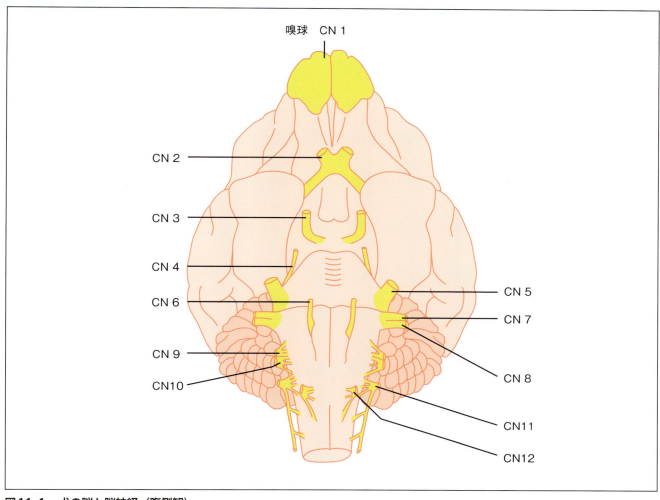

図11-1　犬の脳と脳神経（腹側観）
12対の脳神経の起始部は順番通りに吻側から尾側に並んでいる。CN 1（嗅神経）とCN 2（視神経）以外の脳神経（CN 3〜12）は脳幹に起始する。
＊CN（cranial nerve）：脳神経

特徴的な症状と検査所見　―顔面神経麻痺と三叉神経麻痺を疑う所見―

　脳神経が障害を受けると、さまざまな症状が現れる。なかでも前庭神経（前章で解説）、顔面神経、三叉神経の障害は臨床的に重要である。顔面神経や三叉神経に片側性の障害が起こると、罹患側と同側に異常が現れる。

　顔面神経麻痺と三叉神経麻痺の症状や神経学的検査所見は混同しやすいので、以下にまとめる。また、顔面神経麻痺と三叉神経麻痺において認められる特徴的な観察所見を**表11-1**と**表11-2**に示す。

表11-1　顔面神経麻痺により出現する特徴的な観察所見

◆ 顔面の左右不対称
◆ 耳介の下垂
◆ まばたきの消失
◆ 乾性角結膜炎
◆ 口唇の下垂
◆ 流涎

表11-2　三叉神経麻痺により出現する特徴的な観察所見

◆ 口吻周囲の感覚の消失による外傷
◆ 側頭筋や咬筋の萎縮
◆ 下顎の下垂（両側性の三叉神経麻痺）
◆ 神経障害性角膜炎

第2部 各論

step 1（問診）からわかること

意識状態の変化

顔面神経麻痺や三叉神経麻痺は、末梢性の疾患により起こる場合と、中枢性の疾患により起こる場合がある。末梢性の場合は通常、意識状態は清明（正常）である。中枢性とは、脳幹に病変が存在することを意味する。中枢性の病変では、脳幹の上行性網様体賦活系（ARAS）の障害による意識状態の低下が認められることがある（動画101→p.108）。意識状態の低下は、飼い主には「いつもより元気がない」「呼びかけても反応が鈍い」と認識されるかもしれない。

外貌の変化

顔面神経麻痺の症例では、顔面の左右不対称が認められる（図11-2、動画118）。しかし、顔面の左右不対称性は軽度であることがあり、多くの飼い主はこの変化に気づかない。一部の飼い主は、パンティング時に罹患側の口角が上がらないことに気づいたり、表情が乏しくなった、顔が引きつるようになったと感じたりする。また、罹患側の口唇がうまく動かないため、流涎、食べ物や水をこぼすなどの症状を示すことがある。

三叉神経に異常が生じた場合、側頭筋や咬筋が萎縮することがある（図11-3）。萎縮が重度であれば外貌に変化を生じるため、飼い主に認識されることがある。しかし、萎縮が軽度であったり、被毛が長い動物の場合には気づかれない可能性がある。三叉神経麻痺が両側性に生じると、口を閉じることができなくなる（図11-4、動画119）。口を閉じることができないため、採食や飲水が困難で、普段よりも時間がかかるようになる。飼い主はこれらの異常に気づくかもしれない。

眼の変化

顔面神経麻痺により涙液分泌量の低下とまばたきの欠如が生じ、乾性角結膜炎を起こすことが多い。このため、顔面の麻痺ではなく、眼の異常を主訴に来院することがある（図11-5、動画120）。

三叉神経麻痺により、眼周囲や角膜の感覚が鈍くなり、まばたきの機構が乱れて外的刺激からの防御能力が低下する。さらに、角膜の神経異常により角膜の創傷治癒が遅延することで、神経障害性角膜炎が起こることがある。これにより、角膜構造が焦点性に障害され、角膜潰瘍が発生することがある。

図11-2　顔面神経麻痺による口唇の下垂と流涎（動画118）
左側顔面神経麻痺による左側口唇の下垂と流涎がみられる。よく見ると左側の口唇が下垂しているが、顔面の皮膚がもともと垂れている動物では、この変化は気づかれないことがある。本症例のように、片側の口角から流涎があるとわかりやすい。

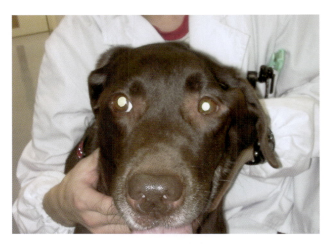

図11-3　三叉神経の腫瘍による側頭筋の萎縮
左側三叉神経の腫瘍により生じた左側側頭筋の萎縮。側頭筋はもともと大きな筋肉であるため、萎縮が進行すると顔貌が明らかに変化する。しかし、被毛が長い動物ではあまり顔貌が変わらず、気づかれないことがある。

図11-4 三叉神経麻痺による閉口障害（動画119）
両側の三叉神経が麻痺すると口を閉じることができず、このように下顎が下垂した状態になる。下顎の筋緊張はなくなる。

図11-5 顔面神経麻痺により生じた角結膜炎（動画120）
左側顔面神経麻痺により生じた左眼の角結膜炎。顔面神経麻痺によりまばたきができないことに加え、涙液の産生量が減少することにより、角結膜炎を発症しやすい状態になる。

step 2（観察）からわかること

表情筋の下垂

顔面神経は表情筋を支配しているため、罹患側の眼瞼裂の狭小化や耳介の尾側変位および下垂、口唇の下垂などの表情筋の下垂が認められる。また、罹患側のまばたきは欠如する（図11-2、動画118）。

ドライアイ、ドライノーズ

顔面神経は涙腺の分泌もつかさどっているため、涙液分泌量の低下によるドライアイが認められることがある。この異常はシルマー涙液試験で検出することができる。さらに、涙液分泌量の低下により鼻腔内の湿潤が保てず、乾燥した分泌物で鼻腔が詰まることがある（ドライノーズ）。

側頭筋の萎縮と下顎の下垂

側頭筋や咬筋の萎縮は、三叉神経の異常を示唆する重要な所見である。三叉神経の異常により生じる神経原性萎縮は急速に進行し、また、萎縮の程度も重度である。両側の三叉神経麻痺が起こった場合には、閉口障害を呈する（図11-4、動画119）。

口吻周囲の外傷

三叉神経麻痺により罹患側の口吻周囲の感覚が低下または消失することがある。その結果、感覚のない口唇を誤って咬んでしまうなどの外傷が生じることがあるため、外傷の有無をチェックすることが必要である。

第2部 各論

咀嚼筋炎と三叉神経麻痺の鑑別

側頭筋の萎縮を示す疾患の鑑別として、咀嚼筋炎が挙げられる（**図11-6**、**動画121**）。咀嚼筋炎の急性期には開口時に痛みが生じるため、開口を嫌がる。食事の際に、閉口ができないのか、開口ができないのかを判断したり、開口時の顎の抵抗を評価することが重要である。両側性の三叉神経麻痺では、手で開口させると顎の抵抗が低下していることが触知できる（**図11-4**、**動画119**→p.129）。咀嚼筋炎では、開口時の抵抗はあるが、一定以上の開口ができなくなる。

図11-6 咀嚼筋炎による開口障害（動画121）
咀嚼筋炎では口が大きく開かないため、採食しにくい、おもちゃをくわえることができないなどの症状が現れる。手で口を開こうとすると一定以上開口させることができず、おそらく痛みのために嫌がることが多い。

step 3（神経学的検査）からわかること

顔面神経麻痺と三叉神経麻痺において認められる特徴的な神経学的検査所見を**表11-3**に示す。

脳神経の異常

■ 顔面神経

顔面神経の運動機能を評価するために、眼瞼反射、威嚇まばたき反応、角膜反射を確認する。顔面神経麻痺では眼輪筋の収縮が起こらないため、眼瞼反射や威嚇まば

表11-3 顔面神経麻痺と三叉神経麻痺の症状、神経学的検査所見の違い

神経学的検査所見	顔面神経麻痺	三叉神経麻痺
顔面の左右不対称	しばしば認められる	認められない
側頭筋の萎縮	認められない	しばしば認められる
下顎の下垂	認められない	まれに認められる（両側性）
流涎	しばしば認められる	まれに認められる
眼の異常	乾性角結膜炎（しばしば認められる）	角膜潰瘍（まれに認められる）
眼瞼反射	低下～消失	低下～消失
威嚇まばたき反応	低下～消失	正常
角膜反射	眼球の後引と第三眼瞼突出は認められるが、まばたきは認められない	認められないことがある
顔面への刺激に対する反応	表情筋の収縮は認められないが、嫌がる様子が認められる	表情筋の収縮も嫌がる様子も認められない

たき反応、角膜反射により眼瞼を閉じることができなくなる。顔面神経麻痺があっても、角膜反射の検査時に眼球の後引と第三眼瞼の突出は認められるが、これらは三叉神経と外転神経による反射である（図11-7、**動画122**）。また、鉗子などで顔面の皮膚を刺激した場合、顔面筋の収縮は起こらないが、頭部を刺激とは逆方向に向けて嫌がる様子が認められる。

顔面神経は涙液の分泌もつかさどっているため、顔面神経麻痺により涙液の分泌量が減少することがある。涙液の分泌量はシルマー涙液試験によって評価することができる。

■ 三叉神経

三叉神経の感覚機能を評価するために、眼瞼反射と角膜反射を確認する。三叉神経麻痺が存在すると、眼瞼反射によるまばたきが認められなくなる。しかし、三叉神経麻痺が存在しても、威嚇まばたき反応によるまばたきは正常に誘発されるはずである。角膜の知覚をつかさどる三叉神経が障害された場合には、角膜反射は認められない。一方、角膜の知覚をつかさどる部位以外における三叉神経の障害であれば、角膜反射は正常に認められる。また、顔面や鼻粘膜を鉗子などで刺激した場合、それぞれの部位を支配する三叉神経の障害が存在すると、顔面筋の収縮や嫌がる様子は認められなくなる。

さらに、三叉神経の運動機能を評価するために、咀嚼筋の触診を行う。三叉神経麻痺では咀嚼筋の萎縮が認められることがあるため、咀嚼筋の左右対称性を触診により評価する。また、両側性の三叉神経麻痺では、随意的な閉口ができなくなり、口が開いたままになる。手で開口させると、顎の筋緊張が低下していることがわかる（図11-4、**動画119**→p.129）。

姿勢反応・脊髄反射の異常の有無

顔面神経や三叉神経が末梢性に障害されている場合、姿勢反応や脊髄反射に異常は認められない。脳幹に病変が存在する場合は、姿勢反応の低下や四肢の脊髄反射の亢進が認められることがある。とくに、病変側で姿勢反応の低下が認められれば、中枢性病変の存在を疑うことができる。

図11-7 顔面神経麻痺による眼瞼反射の消失（動画122）
左側顔面神経麻痺による眼瞼反射の消失がみられる。もともと口唇が垂れている犬では、外貌から顔面神経麻痺が判断できないことが多い。このような場合には、顔面の表情筋の神経支配を調べる目的で眼瞼反射の検査が有効である。

> ### 中枢性病変による顔面神経麻痺や三叉神経麻痺
>
> 中枢性病変の場合には、顔面神経や三叉神経と隣接しているほかの脳神経障害が同時に認められることがある。したがって、ほかの脳神経の機能も注意深く評価することが重要である。中枢性病変による顔面神経麻痺または三叉神経麻痺では、ほとんどの症例で片側性に症状が現れる。一方、末梢性病変であれば症状は片側性に現れることが多いが、両側性に現れることもある。

顔面神経麻痺と三叉神経麻痺の病態診断

　前述のような異常が認められ、顔面神経麻痺や三叉神経麻痺と判断されれば、次にどのような病態を引き起こす疾患なのかを考えていく。病態診断の進め方は、第2章（→p.10〜）を復習していただきたい。病態診断のポイントはシグナルメントとヒストリー（臨床経過、治療への反応性）であり、DAMNIT-V分類を用いて病態を推測する。また、症状や検査所見から病変の分布（中枢性／末梢性、限局性／多巣性／びまん性）を推測し、病態を考えていく（第5章→p.36〜を参照）。

　顔面神経麻痺や三叉神経麻痺を起こす代表的な末梢神経疾患を、表11-4にまとめる。なお、顔面神経麻痺や三叉神経麻痺を起こす中枢神経（脳幹）疾患については、第9章（→p.106〜）を参照してほしい。

表11-4　顔面神経麻痺や三叉神経麻痺を引き起こす代表的な末梢神経疾患など

	分類	代表的な末梢神経疾患など
M	代謝性疾患	◆ 甲状腺機能低下症
N	腫瘍性	◆ 中耳領域の腫瘍：扁平上皮癌、腺癌 ◆ 顔面神経原発腫瘍：神経鞘腫、リンパ肉腫、髄膜腫 ◆ 三叉神経原発腫瘍：神経鞘腫
I	炎症性／感染性	非感染性　　◆ 三叉神経炎 感染性　　　◆ 中耳炎（顔面神経麻痺）
I	特発性	◆ 特発性顔面神経麻痺 ◆ 特発性三叉神経麻痺
T	外傷性	◆ 顔面の外傷

まとめ

　顔面神経麻痺と三叉神経麻痺は、臨床現場でときどき遭遇する脳神経障害である。前章（→p.115〜）で解説した前庭疾患と同様に、末梢性と中枢性病変の鑑別が重要となる。鑑別のポイントは前庭疾患へのアプローチと似ているので、まとめて覚えるとよいだろう。中枢性病変の存在が疑われる場合は、より早期の積極的な検査が望まれる。

> **本章のポイント**
>
> **1** 顔面神経と三叉神経の機能
> 　顔面神経は表情筋の運動、味覚、涙液や唾液の調整を、三叉神経は咀嚼筋の運動、顔面と頭部の感覚をつかさどる
>
> **2** 顔面神経麻痺と三叉神経麻痺の特徴的な症状
> 　表情筋の麻痺による閉眼障害（さらに角結膜炎）、流涎などでは顔面神経麻痺を疑う。三叉神経麻痺では側頭筋の萎縮が最も目立つ症状である
>
> **3** 顔面神経麻痺と三叉神経麻痺の検査所見
> 　眼瞼反射、威嚇まばたき反応、角膜反射、顔面知覚などの検査で異常が検出され、障害されている脳神経を特定できる

症例10

図11-8　症例10の外貌（動画123）

シグナルメント

ビーグル、雌、6歳4カ月齢、体重9.52kg

主訴

左眼の充血、口唇の下垂

ヒストリー

現病歴　2カ月前から左眼の充血が続き、1週間前から左側の口唇が下垂している
既往歴　膀胱炎、皮膚炎、下痢
食事歴　市販ドライフード
予防歴　混合ワクチンは2年前に接種、狂犬病ワクチン接種とフィラリア予防は毎年実施
家族歴　不明
治療歴　抗菌薬およびNSAIDsの点眼薬、抗菌薬の経口投与を行い、経過観察しているが、症状の顕著な改善は認められない

観察および神経学的検査

表11-5　症例10の観察および神経学的検査所見

項目	所見
意識状態	◆ 清明（正常）
観察	◆ 左側表情筋のわずかな下垂 ◆ 左眼のまばたきの欠如と眼瞼裂の狭小化
脳神経検査	◆ 左側眼瞼反射の消失 ◆ 左側威嚇まばたき反応の消失
姿勢反応	◆ 異常なし
脊髄反射	◆ 異常なし
痛覚	◆ 四肢すべて表在痛覚あり

まず考える病態

本症例は中齢（6歳齢）であるため、疑われる病態は幅広く、多くの可能性を考えておく必要がある。主訴とヒストリーから、症状が月単位で変化しているようであるため、病態は進行性と考えられる。問診から疑われる病態として、代謝性、炎症性、腫瘍性、特発性疾患などが考えられる。

- ◆ 代謝性疾患
- ◆ 炎症性疾患
- ◆ 腫瘍性疾患
- ◆ 特発性疾患

観察と神経学的検査による局在診断

観察と神経学的検査所見から、左側の顔面神経の障害が疑われる。現れている症状は顔面神経麻痺に起因していると思われ、その他の脳神経障害による症状または異常所見はみられない。

- ◆ 左側表情筋のわずかな下垂
- ◆ 左眼のまばたきの欠如と眼瞼裂の狭小化
- ◆ 左側眼瞼反射の消失
- ◆ 左側威嚇まばたき反応の消失

→ 左側の顔面神経の障害？

病変分布から考えられる病態

症状は片側性に現れており、その他の脳神経の異常は認められない。脊髄反射や姿勢反応などの異常もみられないことから、末梢性の限局性病変による顔面神経麻痺が疑われる。

- ◆ 症状は片側性
- ◆ その他の脳神経障害はなし
- ◆ 脊髄反射や姿勢反応などの異常なし

→ 末梢性の限局性病変？

鑑別診断と必要な追加検査

左眼には乾性角結膜炎が生じている可能性があり、涙液産生量を評価するためにシルマー涙液検査を実施する。また、代謝性疾患の評価（とくに甲状腺機能低下症の鑑別）のために血液検査を実施する。さらに、中耳領域を含む顔面神経の走行路のCT検査やMRI検査を行う。

- ◆ シルマー涙液検査
- ◆ 血液検査
- ◆ CT検査やMRI検査

追加検査所見

左眼のシルマー涙液検査の結果は9 mm/分（基準範囲：18.9〜23.9 mm/分）と低下しており、顔面神経の障害による涙液産生量の減少が疑われた。血液検査および断層診断において異常は認められなかった。

診断

特発性顔面神経麻痺

本症例では末梢性顔面神経の障害を生じる器質的病変の存在が否定され、特発性顔面神経麻痺と診断された。

第2部 各論

第12章 脊髄疾患へのアプローチ① ―C1-5の病変―

本章のテーマ
1. 4つの脊髄分節を覚える
2. C1-5脊髄分節の機能的役割を理解する
3. C1-5の病変の特徴的な症状と検査所見を理解する

脊髄疾患

本章からは脊髄疾患へのアプローチを解説する。脊髄疾患の病態の推測方法については、第7章～第11章まで解説した脳疾患とまったく同じである。局在診断については、脊髄分節の機能的役割を理解することが重要になる。それぞれの脊髄分節は機能的に異なるため、障害される分節によって異なる症状が現れる。特徴的な姿勢、歩様、神経学的検査所見を理解することで、局在診断をすることができる。

4つの脊髄分節

脊髄疾患に対する診断アプローチを考えるには、脊髄と脊椎の解剖学および脊髄分節の知識が必要である。犬と猫の脊髄分節は頸髄：C1-8、胸髄：T1-13、腰髄：L1-7、仙髄：S1-3、尾髄：Cd1-5からなる（図12-1）。腰仙部では各脊髄分節と対応する脊椎の位置は一致しておらず、ズレが大きくなっている。

脊髄分節は、機能的にさらに次の4つの領域に分けられる。脊髄疾患の局在診断を行うときは、まずはどの領域に異常がみられているかを考えていく。

```
頸部　　：C1-5
頸胸部：C6-T2
胸腰部：T3-L3
腰仙部：L4-S3
```

3ステップによる診断アプローチ

- step 1　問診（動物がいなくてもできる検査）
- step 2　観察（動物に触らずに行う検査）
- step 3　神経学的検査（動物に触って行う検査）

第2部 各論

C1-5脊髄分節のしごと

交感神経の下行路（図12-2）

　頭部、顔面、眼を支配する交感神経は視床下部に起始し、頸髄を下行して、T1-3領域の灰白質内にある節前ニューロンにシナプスする。そして、これらの神経の軸索は交感神経幹として頸部を上行し、頭頸部神経節内でシナプスする。その後、中耳を通過して眼神経（三叉神経の分枝）として眼の平滑筋や瞳孔を支配する。この経路のうち、頸髄内を通過している部分を一次性ニューロンと呼ぶ。C1-5脊髄分節に病変が存在すると、病変側の眼にホルネル症候群が認められることがある。

前後肢の上行路と下行路

　脊髄は脳への上行性の情報と脳からの下行性の情報の伝達経路である。本章で解説するC1-5には、前後肢の上行性および下行性の伝達経路が含まれる。図12-3におもな感覚路と運動路を示す。C1-5脊髄分節は環椎から第5頸椎の中央付近まであり、C1脊髄神経は環椎の外側椎孔から、C2-5脊髄神経はそれぞれ同じ番号の脊椎の頭側にある椎間孔から出ていく（図12-1）。

横隔神経

　呼吸中枢は脳幹（橋と延髄）に存在し、呼吸中枢からのシグナルは頸髄と頭側胸髄を下行して下位運動ニューロンを刺激する。横隔神経はC5-7脊髄分節の神経根に起始する左右1対の神経で、横隔膜を支配する唯一の運動神経である。C1-5脊髄分節で重度な脊髄障害が生じた場合、横隔神経と各胸髄分節から分岐して肋間筋を支配している肋間神経の麻痺を起こすことにより、呼吸障害が起きることがある。

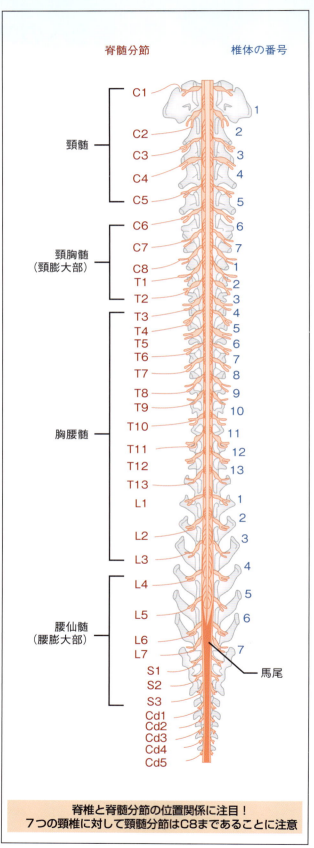

図12-1　脊椎と脊髄分節
Fitzmaurice S., *Saunders solutions in veterinary practice: small animal neurology*, 2010より引用・改変

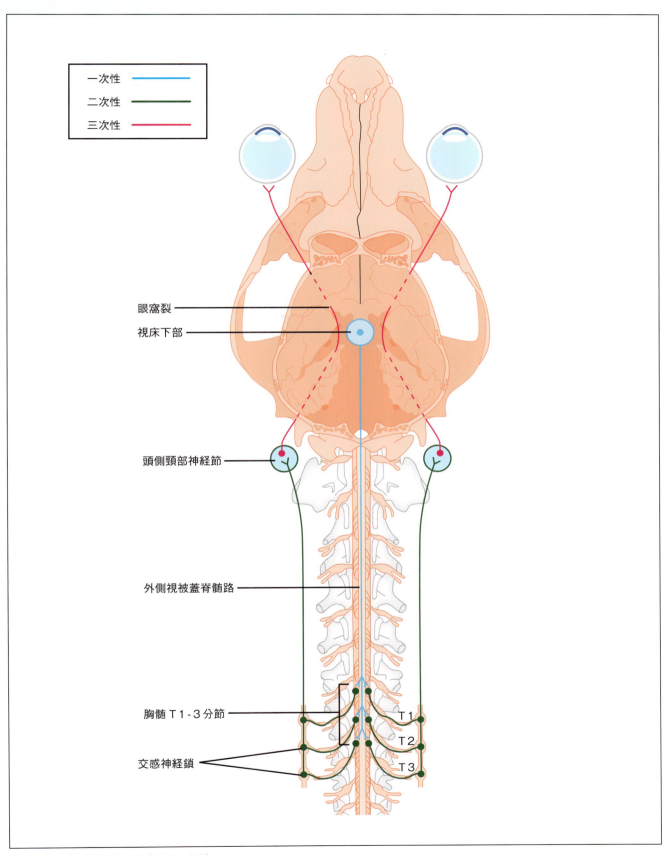

図12-2　眼を支配する交感神経の経路
一次性、二次性、三次性ニューロンに分けられる。
Fitzmaurice S., *Saunders solutions in veterinary practice: small animal neurology*, 2010 より引用・改変

第2部 各論

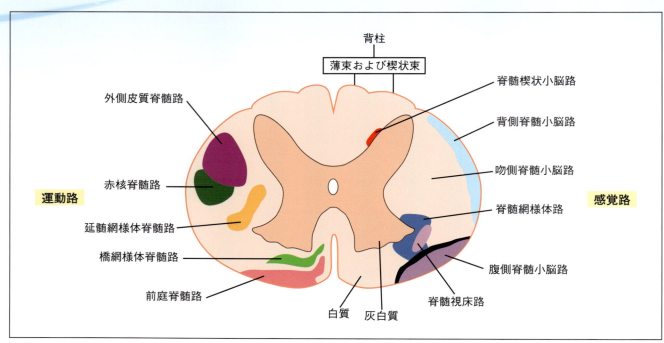

図12-3 脊髄のおもな感覚路（上行路）と運動路（下行路）

特徴的な症状と検査所見 —C1-5の病変を疑う所見—

　頸髄病変では、前後肢に異常が現れることがほとんどである。四肢に異常が現れることが多いが、病態によっては片側の前後肢だけに症状が現れる。四肢の異常は、四肢の運動失調（よろよろと歩行する）、不全麻痺（転ぶ、うまく歩けない）、起立不能まで、程度によりさまざまである。障害が軽度であれば四肢に異常は現れず、頸部痛だけを示すこともある。これらの所見がみられ、四肢の異常を起こし得るほかの疾患（最も重要なのは脳疾患）に特徴的な異常所見がみられない、ということが頸髄疾患のポイントである。神経学的検査では、C1-5の病変であることを裏づける特徴的な検査結果が得られるか否かが重要になる。C1-5の病変によって認められる典型的な臨床症状と検査所見を**表12-1**にまとめる。

表12-1　C1-5の病変において認められる臨床症状と検査所見

項目	臨床症状と検査所見
意識状態	◆ 清明（正常）
姿勢・歩様	◆ 頸部硬直、頸部の知覚過敏または知覚異常 ◆ 頭位を下げた姿勢 ◆ 四肢不全麻痺（麻痺）または同側性の片側不全麻痺（麻痺）
脳神経検査	◆ 異常なし
姿勢反応	◆ 四肢または同側前後肢の姿勢反応の低下
脊髄反射	◆ 四肢または同側前後肢のUMNS
その他の所見	◆ 病変側のホルネル症候群 ◆ 排泄障害（不随意な排泄） ◆ 重症例では呼吸困難

step 1（問診）からわかること

四肢の異常
　頸髄が障害された場合には四肢に症状が現れることが多いため、四肢のふらつき、起立困難、横臥などが主訴となる可能性がある。また、「つまずいて転ぶ」や「前肢の爪先を擦って傷がある」などの愁告からも頸髄の異常を疑うことができる。多くの動物において、頸髄疾患では四肢の随意運動が完全に消失することはなく、したがって不全麻痺の状態を呈する。一方、四肢が完全麻痺するほど重度の頸髄障害では、通常、呼吸機能が維持できなくなる。

痛み
　頭蓋内疾患で動物が痛みを訴えることはまれであるが、脊髄疾患では痛みが特徴的な症状としてしばしば現れる。症例によっては、痛みが唯一の臨床症状であるかもしれない。また、飼い主は痛みの存在を認識していることが多いものの、痛みの局在を特定できていないことが多い。

step 2（観察）からわかること

意識状態・行動の変化は認められない
　一般的に、脊髄疾患では意識状態や行動の変化は認められない。これは、前章までに解説した頭蓋内疾患や脳神経障害（中枢性）などとの鑑別において、最も重要な所見である。ただし、前述した通り、頸髄疾患では強い痛みを伴っていることがあり、そのような場合には動物が神経質になって攻撃性を示すことがある。

頸部の硬直
　頸部痛を伴う動物では、頸部から肩にかけての筋肉の硬直がみられることがある（**図12-4**、**動画124**）。また、痛みが生じないように頸部を固定させて動かさない、などもよくみられる観察所見である。方向転換の際に頸部の屈曲を避け、体全体で振り向く動作や、頭を上げると痛みが生じるために目線だけを上に向ける「上目遣い」が特徴的な所見として認められる（**動画5** →p.22）。ときに頸部を下げることで背中を丸めたような姿勢になることがあるため、背部痛を伴っていないかどうかも鑑別する必要がある。
　また、四肢麻痺により横臥状態になった動物の場合には、頭部を床から上げられるか否かが、頸髄病変の局在が頭側寄りか尾側寄りかを判断する手がかりになることがある。病変が頭側寄りであれば頭部を床から上げられないことが多いが、尾側寄りであれば、ある程度上げられることが多い。

顔面や頸部のミオクローヌス
　筋肉の不随意的な収縮をミオクローヌスと呼ぶ。顕著な頸部痛を伴う動物では、肩から顔面に間欠的なミオクローヌスを伴うことがある（**図12-5**、**動画125**）。これはおそらく痛みによる刺激で現れるものであり、ジステンパー脳炎などで認められるミオクローヌスとは発生機序が異なる。しかし、見た目は類似する症状であるため、臨床病理学的に鑑別する必要がある。

前肢のナックリング（尾側頸髄の病変）
　尾側頸髄の病変では顕著な痛みがなく、前肢の不全麻痺や麻痺が起きやすいのが特徴である。明らかなナックリングがない場合でも、歩行時の爪の擦れる音や肢端の状態を観察し、甲の汚れ、被毛や爪が削れていることから前肢の異常を推察することができる。

歩様の異常
■ 頸髄病変の局在による違い
　くも膜下腔の広さの違いにより、頭側頸髄と尾側頸髄の病変ではタイプが異なる歩様異常が現れる。頭側頸髄の病変では強い頸部痛が特徴的であるが、歩様異常は軽度であることが多い（**図12-6**、**動画126**）。一方、尾側頸髄の病変では痛みは顕著でなく、四肢のふらつきやナックリングなどの歩様異常が強く現れる（**図12-7**、**動画127**）。この違いは椎間板ヘルニアなどの脊髄圧迫性病変ではしばしば認められるが、脊髄炎や脊髄腫瘍などの髄内病変では必ずしも認められない。

第2部 各論

図12-4　頸部の硬直を呈する姿勢（動画124）
頭を下げ、頸部を硬直させた姿勢をとっている。左前肢にはナックリングが認められる。本症例の診断はC2-3の椎間板ヘルニアであった。

図12-5　頸部のミオクローヌス（動画125）
図12-4と同症例。頸部から肩にかけてミオクローヌスが認められる。

図12-6　頭側頸髄の病変（動画126）
歩様異常は軽度であるが、頸部痛の徴候を示している。本症例の診断はC3-4の椎間板疾患であった。

図12-7　尾側頸髄の病変（動画127）
頭部はよく動かしているが、歩様異常が顕著な点に注目してほしい。本症例の診断はC4-5の椎間板疾患であった。

■ 頸部の動きの異常

　頸髄疾患では、頸部痛により上を向くことができずに「上目遣い」になるのが特徴的である。対照的に、環軸椎不安定症の症例では、頭部を下げる際に痛みが出ることがある。これは、頸部を腹側へ屈曲させる動作に伴い、軸椎歯突起が背方へ変位し、頸髄を圧迫するためと考えられる。環軸椎亜脱臼の症例では、「床に置いた食器からフードや水を摂取することができないが、少し高い位置に置けば摂取できる」などの稟告を得られることがある。

片麻痺

脊髄の左右どちらかに限局した病変では、病変と同側の前後肢に不全麻痺や麻痺が認められる（**図12-8**、**動画128**）。歩様検査で症状の左右差を認める場合には、step 3（神経学的検査）で異常が片側のみに現れているのか、四肢に現れているのかを注意深く判断する。頸髄の圧迫性病変では症状の左右差を認めることはあるが、両側性に異常を認めることが多い。片側の前後肢だけに異常が認められる場合には、脊髄の片側に限局した病変が疑われる。脊髄梗塞などの血管性病変では、完全に片側のみに症状が出現することがある。

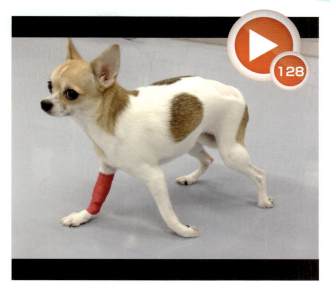

図12-8　左側前後肢の片麻痺（動画128）
症状は左側の前後肢のみに認められることから、左側脊髄に限局した病変が疑われる。本症例の診断は左側Ｃ４の脊髄梗塞（線維軟骨塞栓症：FCE）であった。

step 3（神経学的検査）からわかること

姿勢反応および脊髄反射の異常

四肢もしくは病変と同側の前後肢で、姿勢反応の低下または消失が認められる。Ｃ1-5の病変では前肢・後肢のLMNは障害を受けないため、四肢ともに脊髄反射は正常〜亢進し、UMNサインを示す（**表12-2**）。

痛みの有無

稟告や観察では明らかな痛みが認められない動物でも、注意深い触診により痛みの徴候を示すことがある。痛みが誘発される部位を調べることで、大まかな病変の局在を判断することが可能である。ただし、無理にストレスをかけることで症状を悪化させる危険性もあるため、注意して検査を実施しなければならない。

ホルネル症候群

前述のように、交感神経の下行路（一次性ニューロン）は頸髄内を走行しているため、頸髄の障害により病変側のホルネル症候群を認めることがある。交感神経系は脊髄の圧迫性病変に対して比較的抵抗性をもつため、椎間板ヘルニアなどの圧迫性病変でホルネル症候群を認めることはまれである。ホルネル症候群が認められる場合には、血管性病変（とくに梗塞）、腫瘍性病変、炎症性病変などの髄内病変を疑う。

表12-2　脊髄反射の検査結果による脊髄病変の局在診断

病変部位	前肢	後肢
C1-5	UMNS	UMNS
C6-T2	LMNS	UMNS
T3-L3	正常	UMNS
L4-S3	正常	LMNS

C1-5の病変の病態診断

痛みの有無

脊髄疾患においても、病態診断のアプローチの原則は頭蓋内疾患と同様である。つまり、シグナルメント、ヒストリー、病変の分布（限局性／多巣性／びまん性）、痛みの有無などから、DAMNIT-Vに沿って考える。とくに、痛みの有無は病態を考えるうえで重要である。脊髄疾患での痛みは、おもに髄膜に対する圧迫や炎症により生じると考えられる。痛みを伴う可能性のある病態はおもにN（腫瘍性疾患）、I（感染性／炎症性）、T（外傷性）であるが、ほかの病態でも脊髄圧迫を起こす疾患（例：環軸椎不安定症、椎間板ヘルニア）では痛みを伴うことがある。したがって、動物が「痛がっている」ということがわかればこれらの病態を優先的に考えることができる。ただし、痛がっていない場合でもこれらの病態を除外することはできない。

障害された機能からの推測

ほとんどの脊髄圧迫性病変では、その機能が一定の順序で失われていく傾向がある。神経の機能が失われる順序はおもに神経線維の太さによって決まっており、太い神経ほど障害を受けやすくなる（図12-9）。第5章（p.36〜）でも解説したように、障害された機能から脊髄損傷の重症度を推測することが可能である。また、障害の重症度を知ることで予後判定を行うことができる。しかし、髄内病変（例：髄内腫瘍、脊髄炎、脊髄空洞症、脊髄梗塞）ではどの部位が損傷を受けているかにより障害される伝導路が決まるため、この法則に当てはまるとは限らない。そして、このことも病態診断のヒントとなる。表12-3にC1-5の病変を引き起こす代表的な疾患を挙げる。

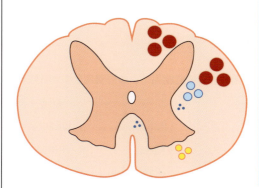

神経線維の太さ	機能	障害時の症状	予後
●●●	固有位置感覚	固有位置感覚の消失	good
●●●	随意運動	不全麻痺、麻痺	fair
●●●	浅部痛覚	浅部痛覚の欠如	fair
⋯	深部痛覚	深部痛覚の欠如	poor

神経の障害される順序は、神経線維の太さと位置により決まる。太くて表層にある神経線維ほど障害に対する感受性が高く、細くて深層にある神経線維ほど、感受性が低い（抵抗性が高い）。したがって、まず固有位置感覚が障害され、最終的に深部痛覚が障害される。障害に最も抵抗性の高い深部痛覚の神経が障害された症例の予後は悪いと判断される。

図12-9 神経線維の太さと脊髄障害の重症度の関係

表12-3　C1-5の病変を引き起こす代表的な疾患など

	分類	代表的な疾患など
A	奇形・先天性疾患	◆ 環軸椎不安定症 ◆ 後頭骨形成不全症候群（COMS*） ◆ 脊髄空洞症
M	代謝性	—
N	栄養性、腫瘍性	◆ 脊髄腫瘍 ◆ 硬膜内腫瘍 ◆ 硬膜外腫瘍
I	特発性	◆ くも膜憩室
I	感染性／炎症性	◆ ステロイド反応性髄膜炎-動脈炎 ◆ 髄膜脊髄炎（非感染性／感染性） ◆ 椎間板脊椎炎
T	外傷性、中毒性	◆ 椎間板疾患** ◆ 骨折、脱臼
V	血管障害性	◆ 脊髄梗塞（線維軟骨塞栓症） ◆ 脊髄出血

* caudal occipital malformation syndrome：後頭骨形成不全症候群
** 多くの椎間板疾患は椎間板の変性により起きるが、脊髄に対しては外傷性の障害を加える。そのため、病態診断をDAMNIT-Vで考える際は、椎間板疾患は外傷性疾患ととらえるほうがよい

まとめ

　C1-5の脊髄疾患には、比較的よく遭遇する。局在診断は、本章で述べたような論理的なアプローチによりある程度容易に行うことができるはずである。このとき、すでに解説した頭蓋内疾患の特徴的な所見を知っておくことが重要であるため、いま一度復習していただきたい。

また、病態診断のルールも同じである。しかし、その疾患を知らなければ診断が難しくなるタイプの疾患も存在するため、より多くの疾患を知っておくということもまた重要である。

本章のポイント

1　4つの脊髄分節
　脊髄疾患の局在診断を考えるうえで、まずは4つの脊髄分節のうちのどの脊髄分節の異常かを考える

2　C1-5脊髄分節の機能的役割
　C1-5には前後肢の上行路と下行路、交感神経の下行路、横隔神経のLMNが存在する

3　C1-5の病変の特徴的な症状と検査所見
　頸部痛、四肢の運動または感覚の異常、ホルネル症候群、重症例では呼吸障害がみられる。四肢の脊髄反射は正常～亢進する

症例11

図12-9 症例11の外貌（動画129）

シグナルメント

ミニチュア・ダックスフンド、去勢雄、8歳10カ月齢

主訴

歩行時のふらつき、左側前肢のナックリング

ヒストリー

現病歴	1週間前から急に、歩行時にふらつくようになった。元気がなく、左側前肢のナックリングがみられる。また、起立や歩行が徐々に困難になってきている
既往歴	とくになし
食事歴	市販ドライフード
予防歴	狂犬病ワクチンと混合ワクチンは接種済み、フィラリア予防は毎年実施
家族歴	不明
飼育歴（飼育環境）	室内飼育
治療歴	他院にて注射薬の投与（内容不明）を受けたが、改善はみられなかった

観察および神経学的検査

表12-4　症例11の観察および神経学的検査所見

項目	所見
意識状態	◆ 清明（正常）
観察	◆ かろうじて歩行は可能 ◆ 左側前肢のナックリング ◆ 左側後肢は滑って開大 ◆ 頭部を下げている
脳神経検査	◆ 異常なし
姿勢反応	◆ 左側前後肢：消失 ◆ 右側前肢：低下 ◆ 右側後肢：正常
脊髄反射	◆ 異常なし
痛覚	◆ 四肢すべて表在痛覚あり

まず考える病態

1週間前に比較的急性に発症し、進行性であることから、腫瘍性疾患や炎症性疾患が考えられる。比較的高齢の症例（8歳齢）であるため、炎症性疾患の可能性はあまり高くないと思われる。また、ダックスフンドが椎間板疾患の好発犬種であることも考慮する必要がある。なお、稟告から、外傷性疾患は除外した。

- ◆ 腫瘍性疾患
- ◆ 炎症性疾患

観察と神経学的検査による局在診断

歩様検査で四肢に異常を認めること、脳神経検査で異常所見がなく、頸部痛の徴候があることから、C1-5もしくはC6-T2の病変を考える。脊髄反射は前後肢とも正常に誘発されているため、局在診断はC1-5と判断できる。また、四肢に神経学的異常が認められているが、症状は左側前後肢でより重度であることから、病変は左側を強く障害していることが疑われる。

- ◆ 歩様検査で四肢に異常あり ┐ C1-5もしくは
- ◆ 脳神経検査で異常なし   │ C6-T2の病変？
- ◆ 頸部痛の徴候あり   ┘
- ◆ 脊髄反射は前後肢とも正常
  ⇒ C1-5の病変？
- ◆ 四肢に神経学的異常あり、左側でより重度
  ⇒ 病変は左側を強く障害？

病変分布から考えられる病態

局在診断からはC1-5に限局した病変と考えられる。また、痛みを伴っていることから、腫瘍性、感染性、炎症性疾患、またはその他の脊髄圧迫を引き起こす病態を考える。

- ◆ 腫瘍性疾患
- ◆ 感染性疾患
- ◆ 炎症性疾患
- ◆ その他の脊髄圧迫を引き起こす病態

鑑別診断と必要な追加検査

鑑別診断として、椎間板ヘルニア、髄膜脊髄炎（非感染性／感染性）、腫瘍性疾患を考える。これらの鑑別のためにCT検査あるいはMRI検査での画像診断、および炎症性／感染性疾患の診断のために血液検査や脳脊髄液検査の実施が推奨される。

- ◆ 椎間板ヘルニア   ┐
- ◆ 髄膜脊髄炎   │ ⇒ 鑑別
    （非感染性／感染性）   │   CT検査あるいは
- ◆ 腫瘍性疾患   ┘   MRI検査
- ◆ 炎症性／感染性疾患の鑑別
    ⇒ 血液検査、脳脊髄液検査

追加検査所見

MRI検査の結果、C3-4の頸椎椎間板ヘルニアが認められた。病変はやや左側寄りに認められ、これは左側前後肢で症状が強く現れていたことと一致する。脳脊髄液検査では、特記すべき異常は認められなかった。

診断

C3-4の椎間板ヘルニア

第2部 各論

第13章 脊髄疾患へのアプローチ② ─C6-T2の病変─

本章のテーマ
1. C6-T2脊髄分節の機能的役割を理解する
2. C6-T2の病変の特徴的な症状と検査所見を理解する

C6-T2の病変

　臨床的には、C6-T2脊髄分節の病変は診察する機会が比較的少ないかもしれない。病態の推測については、脳疾患や前章（p.135～）で解説したC1-5の病変とまったく同様である。C6-T2脊髄分節の機能を理解すれば、この領域の脊髄の病変により現れる症状が想像できるだろう。そして、それに伴う特徴的な姿勢、歩様、神経学的検査所見を理解すれば、局在診断をすることが可能になる。

C6-T2 脊髄分節のしごと

前肢の神経支配

　C6-T2脊髄分節には、前肢からの感覚情報を受ける感覚神経細胞と前肢へ運動情報を送る運動神経細胞（下位運動ニューロン：LMN）が存在する（**図13-1**）。感覚情報は頭側の頸髄（C1-5）を通じて脳に伝えられる。下位運動ニューロンは、C1-5頸髄を通じて伝達された上位運動ニューロン（UMN）の情報を受け、その情報を前肢の筋肉へと伝える。このため、C6-T2脊髄分節では多数の感覚神経細胞が存在する背角と運動神経細胞が存在する腹角が発達している。実際にこの部位の脊髄は太くなっており、頸膨大部と呼ばれる。

　C6-T2脊髄分節の脊髄神経は椎間孔から出た後、腕神経叢を構成し、そこから派生するさまざまな神経によって前肢の神経支配が行われる（**図13-2**）。

後肢の上行路と下行路

　C6-T2脊髄分節には、後肢への下行性の伝導路および後肢からの上行性の伝導路が含まれている。

交感神経の下行路

　頭部、顔面、眼を支配する交感神経はT1-3脊髄分節内でシナプスしている。このため、C1-5脊髄分節と同様に、C6-T2脊髄分節も交感神経の下行路の一部になっている（**図12-2** →p.137）。したがって、C6-T2脊髄分節の障害によって病変側の眼にホルネル症候群が出現することがある。

3ステップによる診断アプローチ

- **step 1** 問診（動物がいなくてもできる検査）
- **step 2** 観察（動物に触らずに行う検査）
- **step 3** 神経学的検査（動物に触って行う検査）

第13章 脊髄疾患へのアプローチ② —C6-T2の病変—

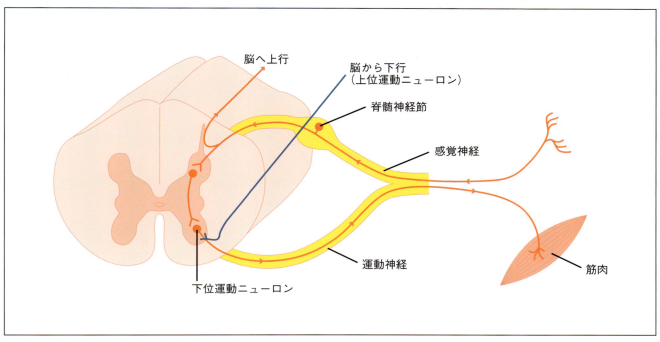

図13-1 前肢の神経支配と上位中枢との関係
下位運動ニューロンは上位運動ニューロンからの情報を受け、前肢の筋肉を支配している。前肢からの感覚情報は頭側の頸髄を通じて脳へ伝達される。
Fitzmaurice S., *Saunders solutions in veterinary practice: small animal neurology*, 2010より引用・改変

皮筋反射

皮膚体幹（皮筋）反射は、胸腰部の皮膚に侵害刺激を加えると体幹皮筋の収縮が起こるという反射である（**動画21→p.41**）。侵害刺激は刺激部から脊髄を上行し、C8-T1脊髄分節で外側胸神経の運動ニューロンを興奮させ、両側の体幹皮筋を収縮させる。このため、C8-T1脊髄分節やC8脊髄分節より尾側の脊髄に病変が存在する場合、皮筋反射は低下または消失する。

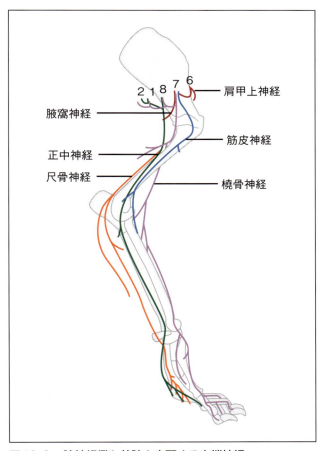

図13-2 腕神経叢と前肢を支配する末梢神経
C6-T2脊髄分節から派生する脊髄神経は、前肢を支配する末梢神経を構成している。
Fitzmaurice S., *Saunders solutions in veterinary practice: small animal neurology*, 2010より引用・改変

第2部 各論

特徴的な症状と検査所見 ―C6-T2の病変を疑う所見―

C1-5脊髄分節の病変と同様に、C6-T2の病変では四肢に異常がみられることが多い。しかし、病変が片側に限局しているようなケースでは、片側の前後肢だけに症状が現れることもある。一般的にC6-T2の圧迫性病変（例：椎間板ヘルニア）では、C1-5の病変と比較して、疼痛を強く示すことは比較的まれである。四肢の異常は運動失調（ふらつき）、不全麻痺（転ぶ、うまく歩けない）、起立不能まで、程度によりさまざまである。これらの症状が認められ、四肢の異常を起こす可能性があるほかの部位の病変に特徴的な異常所見がみられないというのがC6-T2の病変のポイントである。

つまり、C6-T2の病変では、脳の病変やC1-5の病変との鑑別が重要になる。さらに、関節や筋肉、骨の異常といった整形外科疾患との鑑別も重要となる。神経学的検査では、C6-T2の病変であることを裏付ける特徴的な検査結果が得られるかどうかがポイントになる。C6-T2の病変において認められる典型的な臨床症状と検査所見を表13-1にまとめる。

表13-1　C6-T2の病変において認められる臨床症状と検査所見

項目	臨床症状と検査所見
意識状態	◆ 清明（正常）
姿勢・歩様	◆ 頸部の知覚過敏 ◆ 四肢の開張姿勢 ◆ 頭部を下げた姿勢 ◆ 四肢不全麻痺（麻痺）または同側前後肢の不全麻痺（麻痺）
脳神経検査	◆ 異常なし
姿勢反応	◆ 四肢または同側前後肢の姿勢反応の低下または消失
脊髄反射	◆ 前肢：低下または消失（LMNS） ◆ 後肢：正常または亢進（UMNS）
その他の所見	◆ 病変と同側性のホルネル症候群 ◆ 排泄障害（不随意な排泄） ◆ C6-7の重度の病変では呼吸障害

step 1（問診）からわかること

四肢の異常

C6-T2の障害では四肢に症状が現れることが多いため、ふらつき、起立困難、起立不能などが主訴となる可能性がある。また、問診の際に「つまずいて転ぶ」「前肢の爪先を擦って歩く」「ソファーや階段に上れない、前肢をかけられない」などの異常についての情報が得られるかもしれない。これらの情報から、頸髄の異常を疑うことができる。

また、C6-T2の病変では前章（p.135～）で解説したC1-5の病変と同様に四肢の異常がみられることが多いが、C6-T2の病変では後肢よりも前肢に重度な症状が認められることがある。このような場合、飼い主は前肢の異常だけに気づいているかもしれない。

step 2（観察）からわかること

姿勢

　C6-T2の病変では強い痛みを伴うことは少ないものの、動物が頭部の挙上を嫌うことがある。そのような場合は、頭部をやや低く保っていることが多いだろう。C6-T2の病変では、頭側頸髄の病変よりも四肢の運動失調や不全麻痺が強く現れる傾向があるため、起立困難や起立不能を示す症例もしばしば認められる（**図13-3**、**動画130**）。前肢のLMNが重度に障害されるような病態（例：C6-T2脊髄分節の腫瘍）では前肢の運動機能が消失し、完全に負重ができなくなることがある（**図13-4**、**動画131**）。

意識状態・行動の変化は認められない

　C1-5の病変と同様に、C6-T2の病変では意識状態や行動の変化は認められない。これは、脳疾患により歩様の異常が現れている症例との鑑別において重要なポイントである。

歩様の異常

　C6-T2の病変では、歩行時に後肢よりも前肢に顕著な異常が現れることがある（**図13-5**、**動画132**）。明らかなナックリングがみられない場合でも、歩行時に爪の擦れる音や肢端の状態を観察し、甲の汚れ、被毛や爪が削れていることから、前肢の異常を疑うことができる。

　尾側頸部脊椎脊髄症（CCSM：いわゆる「ウォブラー症候群」）は尾側頸髄の圧迫を引き起こす疾患である。この疾患の典型例では、前肢の歩幅は短縮し、後肢の歩幅は逆に拡大するため、前後肢の協調性のない歩様がみられる（**図13-6**、**動画133**、**動画15**→p.32も参照）。頭部を下げて頸部を固めるような姿勢も特徴的である。

片麻痺

　片麻痺または片不全麻痺は、脊髄の左右どちらかに限局した病変によって生じる。症状は病変と同側に出現する（**図13-7**、**動画134**）。歩様検査で症状の左右差がみられることは珍しくないが、異常が片側だけに現れているのか、または症状に左右差があるのかは大きな違いである。この鑑別には、次の神経学的検査（**step 3**）が重要になる。

　片側の前後肢だけに症状が認められる場合には、脊髄の片側に限局した病変が疑われる。脊髄梗塞などの血管性病変では、完全に片側のみに症状が発現することがある。

図13-3　椎間板ヘルニアによる起立不能（動画130）
C5-6の椎間板ヘルニアにより四肢（とくに右側前肢）の運動失調と不全麻痺を認め、起立不能である。

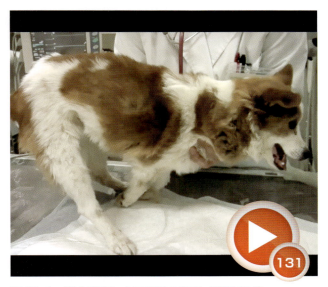

図13-4　髄内腫瘍による前肢の麻痺（動画131）
C6脊髄の腫瘍により前肢は麻痺し、負重ができない状態である。両後肢はUMNSにより突っ張っている。

第2部 各論

単麻痺

一肢のみの跛行は整形外科疾患においてよくみられる症状であるが、神経疾患においてもときどきみられることがある。最も一般的な原因は神経根病変であり、これはC6-T2の病変で比較的多く認められる（**図13-8、動画135**）。C6-T2の病変では、通常、初期の症状として跛行（一肢の挙上）がみられるが、進行すると麻痺（単麻痺）を呈することがある。

ホルネル症候群

前述のように交感神経の下行路（一次性ニューロン）は頸髄内を走行し、T1-3脊髄分節内でシナプスを形成するので、頸髄の障害により病変側のホルネル症候群を認めることがある。C6-T2脊髄分節の病変によってホルネル症候群が認められる場合は、血管性病変（梗塞）、腫瘍性病変、炎症性病変などの髄内病変の鑑別が重要となる。

図13-5　頸髄病変による前肢のナックリング（動画132）
尾側頸髄の圧迫性病変により歩行時には両前肢の間欠的なナックリングが認められるが、後肢には明らかな異常はみられない。本症例の診断はC5-6の椎間板ヘルニアであった。

図13-6　尾側頸部脊椎脊髄症による歩様異常（動画133）
歩幅は前肢で短縮し、後肢では逆に拡大するため、前後肢の協調性が失われた歩様を示す。頭位を低く保ち、頸部を固定している。本症例の診断は進行した尾側頸部脊椎脊髄症であった。

図13-7　脊髄炎による右側前後肢の不全麻痺（動画134）
頸髄の脊髄炎による右側前後肢の歩様異常が認められる。神経学的検査では、左側にも軽度ながら異常が存在した。本症例の診断は頸髄の髄膜脊髄炎であった。

図13-8　神経根病変による左側前肢の跛行（動画135）
左側C7の神経根病変（腫瘍）による疼痛のため、左側前肢への負重を避けている。本症例の診断は末梢神経鞘腫であった。

step 3（神経学的検査）からわかること

姿勢反応の異常および脊髄反射

四肢もしくは病変と同側の前後肢において、姿勢反応は低下または消失する。C6-T2の病変では、前肢のLMNが障害を受けた場合に脊髄反射は低下または消失し、LMNサインを示す。一方、後肢についてはUMNが障害を受けるため、脊髄反射は正常〜亢進（UMNサイン）する（表13-2）。

痛みの有無

観察上、C6-T2の病変では顕著な痛みが認められる症例は少ない。しかし、頭側から脊椎に1つずつ注意深く圧をかけると、痛みの徴候を示すことがある。痛みが誘発される部位を調べることで、病変の局在を大まかに知ることができる。C6-T2の病変の場合、前肢を前後に伸展したときや頸部の触診時に強い痛みが生じることがあり、症状を悪化させる危険性があるため、注意が必要である。また、頸部だけでなく腋窩部も注意深く触診することが重要である。これは末梢神経鞘腫が腕神経に好発し、腋窩部に腫瘤が存在することが多いためである。

表13-2　脊髄反射の検査結果による脊髄病変の局在診断

病変部位	前肢	後肢
C1-5	UMNS	UMNS
C6-T2	LMNS	UMNS
T3-L3	正常	UMNS
L4-S3	正常	LMNS

C6-T2の病変の病態診断

C6-T2の脊髄疾患における病態診断のアプローチはC1-5の場合と同様である。つまり、シグナルメント、ヒストリー、病変の分布（限局性／多巣性／びまん性）、痛みの有無などからDAMNIT-Vに沿って考えていく。病態を考えるうえで、とくに痛みの有無は重要である。C6-T2の病変の場合、痛みの有無に加えて痛みの程度や部位、生じるタイミング、それらの変化（進行性あるいは一定、痛みを示す部位が変わる／広がる）などを細かく確認することで病態診断の助けになる。痛みを伴う可能性のある病態はおもにN（腫瘍性疾患）、I（炎症性／感染性疾患）、T（外傷性疾患）であるが、これら以外の疾患でも脊髄圧迫を起こす病態では痛みを伴うことがある（例：椎間板疾患、尾側頸部脊椎脊髄症）。C6-T2の病変を引き起こす代表的な疾患を表13-3に示す。

表13-3　C6-T2の病変を引き起こす代表的な疾患など

	分類	代表的な疾患など
D	変性性疾患	◆ 尾側頸部脊椎脊髄症
A	奇形性	◆ 脊髄空洞症
M	代謝性	—
N	栄養性、腫瘍性	◆ 髄内腫瘍 ◆ 硬膜内腫瘍（末梢神経鞘腫の浸潤が多い） ◆ 硬膜外腫瘍
I	炎症性／感染性	◆ 椎間板脊椎炎 ◆ 髄膜炎／髄膜脊髄炎
T	外傷性／中毒性	◆ 椎間板疾患* ◆ 骨折、脱臼
V	血管障害性	◆ 脊髄梗塞（線維軟骨塞栓症）

＊多くの椎間板疾患は椎間板の変性により起きるが、脊髄に対しては外傷性の障害を加える。そのため、病態診断をDAMNIT-Vで考える際は、椎間板疾患は外傷性疾患ととらえるほうがよい

第2部 各論

まとめ

C6-T2脊髄分節における病変の発生頻度は比較的低いため、この領域の病変によって起こる特徴的な症状や検査所見にはなじみが薄いかもしれない。しかし、前肢のLMNが存在する点、交感神経の下行路とシナプスが存在する点、皮筋反射のシナプスが存在する点などから、現れる症状は特徴的である。診断においては、これらの解剖学的特徴を押さえておくことが重要である。

> **本章のポイント**
>
> **1** C6-T2脊髄分節の機能的役割
> C6-T2脊髄分節には前肢のLMNが存在する。また、後肢の上行路および下行路、交感神経の下行路、皮筋反射経路のシナプスが存在する
>
> **2** C6-T2の病変の特徴的な症状と検査所見
> 四肢または片側前後肢の不全麻痺／麻痺、前肢のLMN徴候が特徴的な症状である。神経学的検査では前肢のLMNサイン、後肢のUMNサイン、ホルネル症候群、片側の皮筋反射の消失などが検出されることがある

症例12

図13-9 症例12（動画136）

シグナルメント

ラブラドール・レトリーバー、雄、11歳4カ月齢

主訴

右側前肢の跛行、右眼のくぼみ

ヒストリー

現病歴 約半年前より右側前肢の跛行が始まり、症状は徐々に悪化している。以前は夜間のみ右眼の眼瞼が下がっていたが、現在は右眼がくぼんでいる
既往歴 なし
食事歴 市販ドライフード
予防歴 狂犬病ワクチンとフィラリア予防は毎年実施、混合ワクチンは3年前に接種した
家族歴 不明
飼育歴（飼育環境） 屋外飼育
治療歴 なし

観察および神経学的検査

表13-4 症例12の観察および神経学的検査所見

項目	所見
意識状態	◆ 清明（正常）
観察	◆ 右側前肢の跛行（挙上） ◆ 右眼のホルネル症候群
脳神経検査	◆ 異常なし
姿勢反応	◆ 右側前肢：消失 ◆ ほか3肢：低下
脊髄反射	◆ 右側前肢：低下 ◆ 右側後肢：亢進
皮筋反射	◆ 右側のみ消失
その他	◆ 右側前肢の顕著な筋萎縮

まず考える病態

本症例は高齢であり、症状は進行性であると判断できる。したがって、腫瘍性疾患を鑑別診断リストのトップに挙げ、高齢動物に多いその他の病態と進行性の病態を鑑別していく。

- ◆ 腫瘍性疾患
- ◆ 変性性疾患
- ◆ 代謝性疾患
- ◆ 炎症性疾患

観察と神経学的検査による局在診断

右側前肢の跛行が認められるため、右側前肢の骨・関節系の異常をまず疑うべきである。しかし、本症例では右側前肢の筋萎縮、右眼のホルネル症候群、右側皮筋反射の消失など、右側神経根〜腕神経叢の病変を疑う異常が併発していることに着目すべきである。

右側前肢の異常と右眼のホルネル症候群からは、T1-2領域（T3は通常、腕神経叢の構成成分ではないため除外される）の病変が疑われる。右側の皮筋反射の消失からは、右側C8またはT1脊髄神経の異常が疑われる。つまり、ホルネル症候群と同側の皮筋反射の消失が同時に現れている本症例では、T1脊髄神経の異常が疑われる。また、右側後肢の脊髄反射は亢進していることから、病変は脊髄へも及んでおり（圧迫または浸潤）、同側（右側）後肢のUMNSが現れていると考えられる。

- ◆ 右側前肢の跛行 ⇒ 骨・関節系の異常？
- ◆ 右側前肢の筋萎縮 ┐
- ◆ 右眼のホルネル症候群 ┘ T1-2領域の病変？
- ◆ 右側皮筋反射の消失
  ⇒ 右側C8またはT1脊髄神経の異常？

  T1脊髄神経の異常？
- ◆ 右側後肢の脊髄反射は亢進
  ⇒ 脊髄の圧迫または浸潤（後肢のUMNS）

病変分布から考えられる病態

局在診断からはT1脊髄神経を含む病変であることが疑われ、病変分布は限局性と考えられる。シグナルメントとヒストリーを考慮すると、腫瘍性疾患が最も可能性の高い病態といえる。

- ◆ T1脊髄神経を含む腫瘍性病変？

必要な追加検査

右側腕神経叢（とくにT1脊髄神経）を含む腫瘍性病変が考えられるため、断層診断による同部位の精査が必要である。

追加検査所見

胸椎のCT検査により、右側第1胸髄神経の腫大と右側T1-2椎間孔の拡大が認められた。さらに、脊髄造影CT検査により、病変は脊柱管内に浸潤しており、脊髄を反対側に重度に圧迫していることが確認された（図13-10）。本症例では腋窩部にも腫瘤が認められ、この腫瘤の病理組織学的検査が行われた。

診断

末梢神経鞘腫瘍

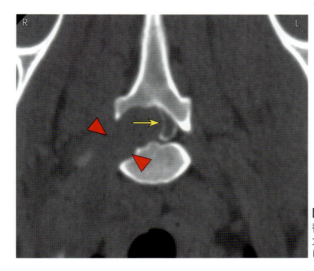

図13-10　胸椎のCT画像
脊髄造影後の短軸断像。右側第1胸髄神経の腫大（▶）と椎間孔の拡大が認められた。病変は脊柱管内に浸潤しており、脊髄（⇨）を重度に圧迫していた。

第2部 各論

第14章 脊髄疾患へのアプローチ③ ―T3-L3の病変―

本章のテーマ
1. T3-L3脊髄分節の機能的役割を理解する
2. T3-L3の病変の特徴的な症状と検査所見を理解する

T3-L3の病変

　T3-L3脊髄分節の病変は、ほかの脊髄分節と比較し、臨床現場で遭遇することが非常に多いと思われる。T3-L3脊髄分節の機能を理解することで、この脊髄分節の病変により現れる症状や検査所見から、局在診断を行うことができる。病態診断については、C1-5およびC6-T2の脊髄疾患と同様に系統的に考えていく。

T3-L3 脊髄分節のしごと

　図14-1に示したように、T3-L3の脊髄分節は椎体の位置より半椎体分ほど頭側に位置している。T3-L3の脊髄分節において、臨床的に最も重要な構造は神経線維が走行する白質であり、その白質には後肢への下行性（運動性）の伝導路と後肢から脳への上行性（感覚性）の伝導路が含まれる。当然、T3-L3脊髄分節にも灰白質が存在する。T3-L3脊髄分節の灰白質に存在する神経細胞は、この領域の体幹筋の支配や知覚に関与しているが、重度かつ広範囲な障害が存在しない限り、小動物臨床ではあまり重要ではない。臨床的に最も重要なのは肋間筋麻痺であり、重度になると呼吸障害が現れる。

後肢の上行路と下行路

　後肢への下行性（運動性）の伝導路は、大脳や脳幹に細胞体をもつ上位運動ニューロンの軸索である。T3-L3脊髄分節に病変が存在すると、後肢の筋肉に対する上位運動ニューロンが障害されることになり、後肢の麻痺や不全麻痺が現れる（上位運動ニューロン徴候：UMNS）。また、後肢からの上行性（感覚性）の伝導路が障害される結果、歩行に重要な感覚情報が上位中枢に伝達されず、運動失調を示したり、痛覚の低下や欠如が現れる。T3-L3の病変をもつほとんどの症例では、上行性および下行性（両方）の伝導路が同時に障害される。

3ステップによる診断アプローチ

- **step 1** 問診（動物がいなくてもできる検査）
- **step 2** 観察（動物に触らずに行う検査）
- **step 3** 神経学的検査（動物に触って行う検査）

特徴的な症状と検査所見
―T3-L3の病変を疑う所見―

　第12章・13章（p.135〜155）で解説したように、C1-5やC6-T2脊髄分節の病変では、四肢にしばしば異常が現れる。しかし、T3-L3の病変では前肢は正常で、後肢だけに異常が現れるのが特徴である。後肢の異常は運動失調（ナックリングや協調不全）、不全麻痺（起立困難または起立不能、運動の低下）、完全麻痺（運動の消失）など、障害の程度によりさまざまである。また、障害の程度や病態によっては、後肢に明らかな異常は認められず、背部の痛みだけを示すかもしれない。T3-L3の病変の診断においては、これらの特徴的な症状がみられることがポイントになる。一方、後肢の異常を起こし得る他部位の病変（例：脳や頸髄の病変）では特徴的な異常所見がみられないというのもポイントである。さらに、L4-S3脊髄分節の病変や末梢神経、神経筋接合部、筋肉の疾患、前十字靱帯断裂、股関節形成不全などの整形外科疾患との鑑別が重要になる。

　神経学的検査では、T3-L3の病変であることを裏付ける特徴的な検査結果が得られるかどうかがポイントになる。T3-L3の病変によって認められる典型的な臨床症状と検査所見を、**表14-1**にまとめる。

step 1（問診）からわかること

後肢の異常
　T3-L3脊髄分節の障害により、後肢に症状が現れる。そのため、問診では「後肢の動きがおかしい」「後肢の爪先を擦って歩く」「酔っぱらいのようにふらつく」「後肢が動かない」などの情報を得られることが多い。また、比較的まれであるが、後肢の震えが主訴であることもある。

痛み
　歩行が可能でも、「ケージから出て来ない」「体が固まったように動かない」など、痛みに起因すると思われる異常を主訴に来院するケースもある。

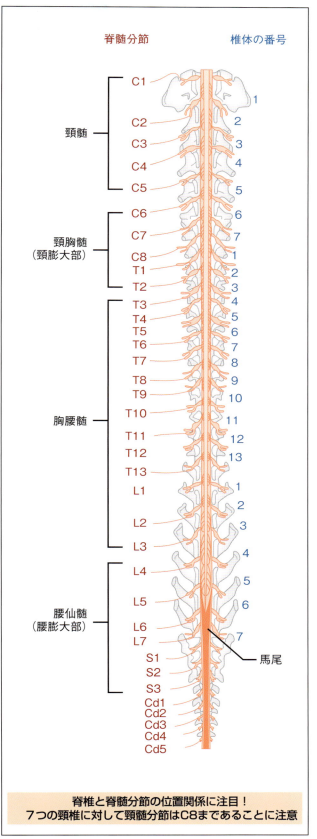

図14-1　脊椎と脊髄分節
Fitzmaurice S., *Saunders solutions in veterinary practice: small animal neurology*, 2010より引用・改変

第2部 各論

表14-1 T3-L3の病変において認められる臨床症状と検査所見

項目	臨床症状と検査所見
意識状態	◆ 清明（正常）
姿勢・歩様	◆ 背弯姿勢 ◆ シフシェリントン症候群（まれ：→p.160参照） ◆ 後肢を引きずって歩く ◆ ふらつき（いわゆる酔っぱらい歩行） ◆ 後肢の不全麻痺（麻痺） ◆ 後肢の片側不全麻痺（麻痺）
脳神経検査	◆ 異常なし
姿勢反応	◆ 後肢の姿勢反応の低下または消失
脊髄反射	◆ 後肢：正常または亢進（UMNS） ◆ 皮膚体幹（皮筋）反射の消失
その他の所見	◆ 排尿障害（UMN性の拡張した膀胱） ◆ 筋肉の緊張度は後肢において亢進 ◆ 後肢の筋萎縮（廃用性萎縮）

排尿

「おしっこが出ない」という主訴で飼い主が来院するケースもある。T3-L3の病変ではUMN性の排尿機能不全が起こるため、来院時には膀胱は拡張していることが多い。また、尿道括約筋の緊張が亢進しているため、膀胱を圧迫しても排尿させることが難しい場合がある。

step 2（観察）からわかること

姿勢

T3-L3の病変では、後肢の筋肉の緊張度によりさまざまな姿勢が観察される。急性期には後肢は比較的脱力していることが多いが（図14-2、動画137）、筋肉の緊張が高まるにつれ、後肢を伸展させたり、さらに硬直させていわゆる犬座姿勢を示すことがある（図14-3、動画138）。また、背弯姿勢は胸腰部脊髄の痛みに関連していることがある（図14-4、動画139）。

意識状態・行動の変化は認められない

C1-5の病変やC6-T2の病変と同様に、T3-L3の病変でも意識状態や行動の変化は認められない。これは、脳疾患により歩様の異常が現れている症例との鑑別において重要なポイントである。ただし、痛みのために動物が刺激に対して過敏になり、攻撃的になることがしばし

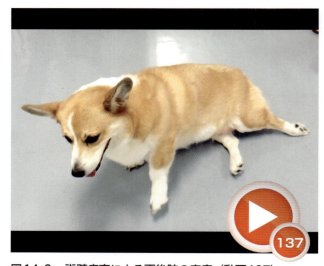

図14-2 脊髄病変による両後肢の麻痺（動画137）
T3-L2脊髄分節の病変により、両後肢の筋肉の緊張度は比較的低く、だらんとしている。本症例の診断は、L1脊髄の髄内腫瘍（確定診断に至らず）であった。

ばあるため、これは前脳病変による性格の変化と鑑別する必要がある。

歩様の異常

T3-L3の病変では、歩行時に後肢の異常が現れる。多くの場合、ナックリングを伴い、歩行時に爪の擦れる音や、酔った人のような千鳥足の歩様が観察される（図14-5、動画140）。明らかなナックリングがみられない場合でも、両後肢の動きに協調性がなく、バタバタと歩く様子がみられるかもしれない（図14-6、動画141）。また、後肢の激しい震えが運動失調に伴って観察されることもある（図14-7、動画142）。後肢が麻

図14-3　脊髄病変による両後肢の伸展硬直（動画138）
T3-L3脊髄分節の病変により両後肢の伸筋の緊張度は亢進しており、頭側に伸展している。本症例の診断は、外傷性の脊髄損傷であった。

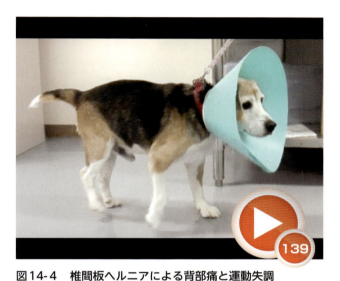

図14-4　椎間板ヘルニアによる背部痛と運動失調
　　　　（動画139）
背部痛のため、歩行時に背弯姿勢をとっている。両後肢には明らかな運動失調が認められる。本症例の診断は、T13-L1の椎間板ヘルニアであった。

図14-5　椎間板ヘルニアによる両後肢の運動失調
　　　　（動画140）
顕著な運動失調（ナックリング、ふらつき、歩幅の拡大）と不全麻痺（不完全な運動）がみられる。また、両後肢の筋肉の萎縮が認められる。本症例の診断は、T12-13の椎間板ヘルニアであった。

図14-6　椎間板ヘルニアによる両後肢の運動失調
　　　　（動画141）
明らかなナックリングはみられないが、両後肢には協調性が失われた運動がみられる。本症例の診断は、T12-13の椎間板ヘルニアであった。

第2部 各論

図14-7 半側脊椎による脊髄症（動画142）
静止時には両後肢に重度の震えが認められ、歩行時には両後肢の運動失調が認められる。本症例の診断は、T12の半側脊椎による脊髄症であった。

図14-8 椎間板ヘルニアによる両後肢の完全麻痺（動画143）
両後肢の随意運動は完全に消失（完全麻痺）している。本症例の診断は、T12-13の椎間板ヘルニアであった。

痺している場合には、後肢を完全に引きずって移動することが多い（図14-8、動画143）。経過が長い症例では、しだいに後肢の伸筋の緊張が高まり、後肢を進展した姿勢で尾部を引きずる動作がみられることがある（図14-3、動画138→p.159）。

単麻痺はまれ

T3-L3脊髄分節の病変で後肢の単麻痺が認められることはまれである。後肢の単麻痺や一肢のみの跛行では、まず整形外科疾患や、第15章（→p.166～）で解説するL4-S3脊髄分節の左右どちらかに限局した病変を疑う。

> ### シフシェリントン症候群
>
> シフシェリントン（Schiff-Sherrington）症候群では、後肢の麻痺と前肢の伸展性の過緊張を伴う特徴的な姿勢が観察される。これは、T3-L3脊髄分節において急性かつ重度の障害があった場合に認められることがある。これは、前肢の伸筋に対する抑制系支配（おもにL1-5の神経細胞から発する）が消失して起こると考えられている。シフシェリントン症候群は、脊髄に重度の障害が加わったことを示すが、必ずしも予後不良を意味するわけではない。

step 3（神経学的検査）からわかること

姿勢反応および脊髄反射の異常

姿勢反応は病変と同側の後肢のみ、あるいは両後肢で低下または消失する。前肢は正常である。T3-L3の病変では、後肢のLMNは障害を受けないため、脊髄反射は正常～亢進（UMNS）する（表14-2）。

皮膚体幹（皮筋）反射が消失している場合、その部位からおよそ2椎体頭側の脊髄分節が障害を受けていると判断できる。また、第4腰椎付近で皮筋反射が認められれば、T3-L3脊髄分節に病変はないと考えることができる。

表14-2 脊髄反射の検査結果による脊髄病変の局在診断

病変部位	前肢	後肢
C1-5	UMNS	UMNS
C6-T2	LMNS	UMNS
T3-L3	正常	UMNS
L4-S3	正常	LMNS

痛みの有無

病変部位や鑑別疾患を考えるうえで、T3-L3の病変では痛みの有無が非常に重要になる。動物が動きたがらなかったり、硬直し背弯姿勢をとっているときは痛みがある場合が多く、脊椎を注意深く触診することで病変の局在を大まかに判断することができる。また、病態を考えるうえでも、痛みの有無は重要である。たとえば、血管性疾患（例：脊髄梗塞）や変性性疾患（例：変性性脊髄症）では後肢の歩様異常を示すことがあるが、これらの疾患では痛みは伴わない。

筋萎縮の有無

筋萎縮の評価は、脊髄病変の局在診断に役立つことがある。T3-L3脊髄分節には四肢の筋肉を支配するLMNが存在しないため、T3-L3の病変では四肢の神経原性萎縮は起きない。ただし、後肢の麻痺や不全麻痺が長期間にわたった場合には、筋肉の廃用性萎縮が起きていることがある（**図14-5**、**動画140**→p.159）。しかし、その場合でも、LMN障害に起因する神経原性萎縮ほどの重度の筋萎縮は認められない。

T3-L3の病変の病態診断

T3-L3の脊髄疾患の診断アプローチは、C1-5およびC6-T2の脊髄疾患（p.135～155）の解説と同様である。つまり、シグナルメント、ヒストリー、病変の分布（限局性／多巣性／びまん性）、痛みの有無などからDAMNIT-Vに沿って考えていく。シグナルメントは重要であるが、たとえば症例がミニチュア・ダックスフンドだからといって椎間板疾患であるとは限らない。臨床経過、神経学的検査所見、病変の分布などが疑っている病態と合致するか否かを考える。前述の通り、痛みの有無は病態を考えるうえで極めて重要である。先入観にとらわれず、系統的に考えていく。T3-L3の病変を起こす代表的な疾患を**表14-3**に挙げる。

表14-3　T3-L3の病変を引き起こす代表的な疾患など

分類	代表的な疾患など
D（変性性疾患）	◆ 変性性脊髄症 ◆ 脊椎の滑膜嚢胞
A（奇形性）	◆ 脊椎奇形（半側脊椎など） ◆ 脊髄空洞症 ◆ くも膜憩室
M（代謝性）	—
N（栄養性、腫瘍性）	◆ 髄内腫瘍 ◆ 硬膜内腫瘍 ◆ 硬膜外腫瘍
I（炎症性／感染性）	◆ 髄膜炎／髄膜脊髄炎 ◆ 椎間板脊椎炎 ◆ 硬膜外膿瘍
I（特発性）	◆ くも膜憩室
T（外傷性、中毒性）	◆ 椎間板疾患* ◆ 骨折、脱臼
V（血管障害性）	◆ 硬膜外血腫 ◆ 脊髄梗塞（線維軟骨塞栓症） ◆ 脊髄出血

＊多くの椎間板疾患は椎間板の変性により起きるが、脊髄に対しては外傷性の障害を加える。そのため、病態診断をDAMNIT-Vで考える際は、椎間板疾患は外傷性疾患ととらえるほうがよい

第2部 各論

まとめ

　胸腰部の椎間板ヘルニアは、T3-L3脊髄分節に起きる疾患の責任病変であることが最も多いだろう。したがって、本章で紹介した観察所見や検査所見は最もなじみの深いものばかりだったと思う。しかし、いつも診察している症例の雰囲気と何かが違えば、ほかの病態を疑わなければならない。系統的にアプローチを進めれば、新しい病態がみえてくるはずである。

本章のポイント

1. **T3-L3脊髄分節の機能的役割**
   T3-L3脊髄分節には、後肢の感覚情報を脳に伝える上行路と、脳からの運動情報を後肢に伝える下行路が含まれる。また、肋間筋を支配するLMNが存在し、これらのLMNは呼吸運動をつかさどる

2. **T3-L3の病変の特徴的な症状と検査所見**
   T3-L3の病変では後肢の運動失調、不全麻痺、麻痺がみられ、背部痛のみを示す症例もいる。神経学的検査では、後肢のUMNサインが特徴的である

症例13

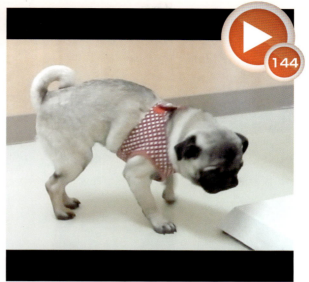

図14-9　症例13（動画144）

シグナルメント

パグ、雌、5カ月齢

主訴

後肢のふらつき

ヒストリー

現病歴	約1カ月前に背中にトースターを落とした後、徐々に後肢のふらつきが悪化してきた。以前から歩き方にやや異常があったかもしれない
既往歴	なし
食事歴	市販ドライフード
予防歴	狂犬病ワクチンと混合ワクチンは接種済み、フィラリア予防は実施している
家族歴	同腹子に異常はない
飼育歴（飼育環境）	室内飼育
治療歴	ステロイド薬（3日間）とビタミンB製剤を投与したが改善はみられなかった

観察および神経学的検査

表14-4　症例13の観察および神経学的検査所見

項目	所見
意識状態	◆ 清明（正常）
観察	◆ 両後肢の運動失調と不全麻痺
脳神経検査	◆ 異常なし
姿勢反応	◆ 両前肢：異常なし ◆ 両後肢：消失
脊髄反射	◆ 両前肢：異常なし ◆ 両後肢：亢進
皮筋反射	◆ L2付近から尾側で消失
その他	◆ 両後肢の中等度の筋萎縮

まず考える病態

　本症例の病態を考えるうえで重要なのは、若齢で症状が進行性であるということである。症状の進行は比較的急性と判断できる。したがって、若齢動物における進行性の病態として、奇形・先天性、炎症性、変性性疾患（遺伝的）などを優先的に、どの年齢層においても起きる病態もあわせて考える。とくに本症例では背中にトースターを落としたというヒストリーがあるため、外傷性の病態の可能性も考える必要がある。ただし、外傷性疾患は特殊な例を除き、通常は非進行性である。

- ◆ 奇形・先天性疾患
- ◆ 炎症性疾患
- ◆ 変性性疾患
- ◆ 外傷性疾患

観察と神経学的検査による局在診断

　観察では意識状態や反応性には異常がみられず、脳神経の異常もないことから、脳疾患の可能性は低いと考えられる。歩様検査では、両後肢の顕著な運動失調と不全麻痺が認められる。姿勢反応は両前肢に異常がなく、両後肢で消失しており、さらに両後肢の脊髄反射は亢進していることから、T3-L3脊髄分節の異常が疑われる。皮筋反射はL2付近より尾側で消失しているので、そこから2脊椎分くらい頭側の領域（T13付近）を病変部位と推定することが可能である。

- ◆ 意識状態や反応性に異常なし ┐ 脳疾患の可能性
- ◆ 脳神経の異常なし ┘ は低い？
- ◆ 両後肢の顕著な運動失調と不全麻痺 ┐
- ◆ 両前肢に姿勢反応の異常なし │ T3-L3脊髄
- ◆ 両後肢で姿勢反応の消失 │ 分節の異常？
- ◆ 両後肢の脊髄反射は亢進 │
- ◆ 皮筋反射はL2付近より尾側で消失 ┘
  ⇒ 病変部位はT13付近？

病変分布から考えられる病態

　局在診断からはT3-L3脊髄分節の病変であることが疑われ、病変分布は限局性と考えられる。前に挙げた鑑別疾患のなかで限局性病変を引き起こす病態は、奇形性疾患と外傷性疾患である。通常、炎症性疾患および変性性疾患では多巣性またはびまん性の病変分布を示すが、これらを完全に除外することはできない（病変分布からの病態の推測は第5章→p.36～を参照）。

- ◆ 奇形性疾患
- ◆ 外傷性疾患
- ◆ 炎症性疾患 ┐ 通常は多巣性またはびまん性
- ◆ 変性性疾患 ┘ （除外はできない）

鑑別診断と必要な追加検査

　ここまでの検査所見で、T13付近に限局性病変が存在し、それは奇形性または外傷性疾患である可能性が高いと考えられる。パグは半側脊椎などの奇形性疾患の発症が多く、外傷性の脊椎の骨折や脱臼の有無を評価するためにも、まずは単純X線検査が必要である。単純X線検査において異常が認められない場合には、CT検査またはMRI検査による断層診断が必要になる。

- ◆ 単純X線検査
- ◆ CT検査またはMRI検査

追加検査所見

　本症例では単純X線検査において異常は認められなかったため、胸腰髄のMRI検査が行われた。MRI検査では、T12において脊髄背側のくも膜下腔の拡大が認められた（**図14-10**）。

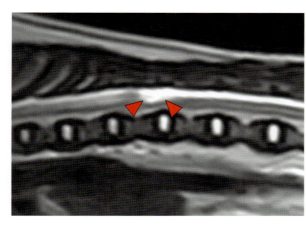

図14-10　胸腰髄のMRI画像
T2強調矢状断像。T12レベルにおいて背側くも膜下腔と連続する囊胞（▶）が存在し、脊髄を腹側に圧迫している。本症例はくも膜囊胞と診断された。

診断・治療

くも膜囊胞

なお、くも膜囊胞の発生機序は完全に理解されていないため、特発性に分類されることもある。くも膜囊胞は外傷によっても発生するといわれているが、本症例においてはトースターの落下との関連性は不明である。後日、くも膜囊胞の切開と造袋術が行われ、術後2週間の時点で歩様の改善が得られた。

第2部 各論

第15章 脊髄疾患へのアプローチ④ —L4-S3の病変—

本章のテーマ
1. L4-S3脊髄分節の機能的役割を理解する
2. L4-S3の病変の特徴的な症状と検査所見を理解する

L4-S3の病変

L4-S3脊髄分節の病変はその解剖学的な特徴から、これまでに解説してきた脊髄分節の病変とは異なる症状を示す。しかし、第14章までと同様に、特徴的な臨床症状と検査所見を押さえれば局在診断を行うことが可能なはずである。そして、系統的なアプローチにより病態を考えていく。

L4-S3脊髄分節のしごと

L4-S3脊髄分節では、各脊髄分節と対応する脊椎の位置は一致しておらず、ズレが大きくなっている。たとえば犬では、小型犬と大型犬で違いはあるが、第4腰椎にはL4-7までの4つの脊髄分節が存在し、第5腰椎にはS1-3、第6腰椎には尾髄（Cd）が存在している。それより尾側は末梢神経の束である馬尾が脊柱管内を走行している（図15-1）。

後肢の神経支配

L4-S3脊髄分節には、後肢からの感覚情報を受ける感覚神経細胞と後肢へ運動情報を送る運動神経細胞（下位運動ニューロン：LMN）が含まれる。感覚情報は頭側の胸腰髄（T3-L3）、頸胸髄（C6-T2）、さらに頸髄（C1-5）を通って脳に伝えられる。下位運動ニューロンは上位運動ニューロン（UMN）から伝えられた情報を受け、その情報を後肢の筋肉へと伝える。これらの解剖学的な特徴は、前肢を支配するC6-T2脊髄分節と似ている（図13-1→p.147参照）。L4-S3脊髄分節では多数の感覚神経細胞が存在する背角と運動神経細胞が存在する腹角が発達しており、脊髄は太くなっているため、この部位は腰膨大部と呼ばれる。L4-S3脊髄分節の脊髄神経はそれぞれの椎間孔から出た後、腰仙部神経叢を構成し、そこから派生する末梢神経によって後肢の神経支配が行われる（図15-2）。

3ステップによる診断アプローチ
- step 1　問診（動物がいなくてもできる検査）
- step 2　観察（動物に触らずに行う検査）
- step 3　神経学的検査（動物に触って行う検査）

第15章 脊髄疾患へのアプローチ④ —L4-S3の病変—

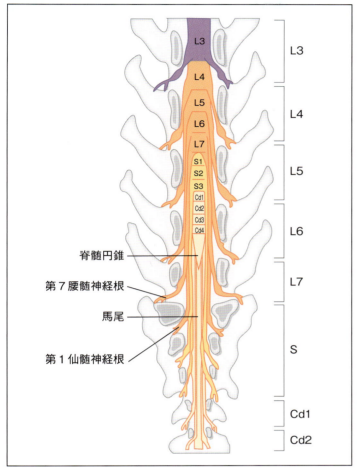

図15-1 犬における腰仙椎と脊髄および馬尾の位置関係
腰髄（L）、仙髄（S）、尾髄（Cd）の位置は対応する各椎骨とズレがあり、尾側ほどそのズレは大きくなる。脊髄神経は対応する椎骨の椎間孔から出るまで脊柱管内を束状に走行し、馬尾を構成する。
Fitzmaurice S., *Saunders solutions in veterinary practice: small animal neurology*, 2010より引用・改変

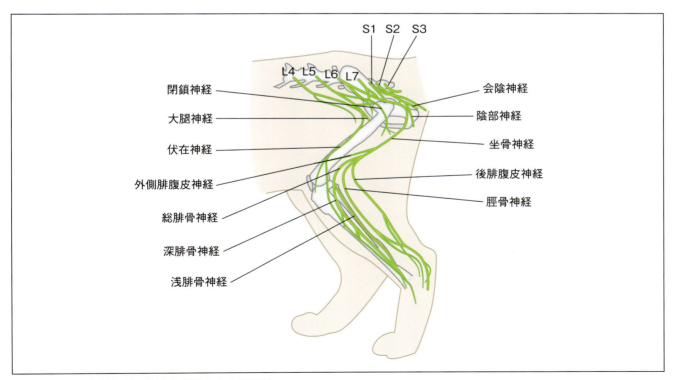

図15-2 腰仙部神経叢と後肢を支配する末梢神経
L4-S3脊髄分節から派生する脊髄神経は、後肢を支配する末梢神経を構成している。また、会陰部、肛門、尾を支配する神経も構成している。
Fitzmaurice S., *Saunders solutions in veterinary practice: small animal neurology*, 2010より引用・改変

第2部 各論

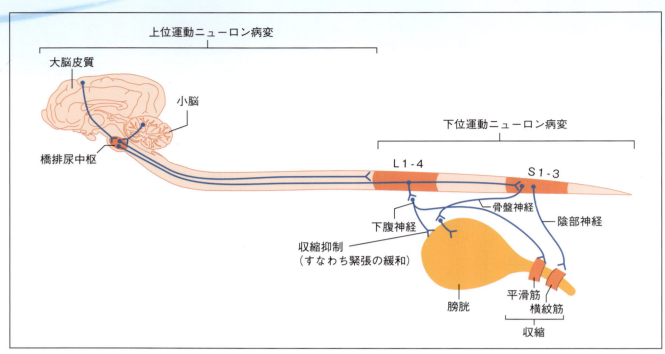

図15-3　排尿に関わる神経支配

排尿に関わる神経支配（図15-3）

　L4-S3脊髄分節には、排尿に関係する神経の一部が存在する。膀胱を支配する交感神経である下腹神経（犬ではL1-4、猫ではL2-5に起始）は膀胱頸部と内尿道括約筋を緊張させ、排尿筋を弛緩させ、尿を貯留させるはたらきがある。また、膀胱を支配する副交感神経である骨盤神経（S1-3に起始）は、膀胱の膨満感の伝達と、膀胱を収縮させて排尿させるはたらきがある。これらに加え、外尿道括約筋を収縮させる陰部神経（S1-3に起始）のはたらきによって、排尿はコントロールされている。

会陰部・肛門、尾の神経支配

　会陰部および肛門は陰部神経（S1-3に起始）によって支配されている。また、尾は尾髄から派生する尾骨神経により支配されている。

特徴的な症状と検査所見　—L4-S3の病変を疑う所見—

　前章のT3-L3脊髄分節と同様に、L4-S3の病変では、前肢は正常で後肢に異常がみられることが多い。症状は両側の後肢にみられることが多いが、病変が片側に限局している場合は、片側の後肢だけに症状が現れることがある（単肢の跛行や麻痺など）。後肢の異常は、運動失調（ふらつき）、不全麻痺（転ぶ、うまく歩けない）、起立不能まで程度によりさまざまである。関節や筋肉、骨の異常といった整形外科疾患との鑑別も重要になる。これらの所見に加え、排尿障害が単独または後肢の異常と併発していることがある。また、腰部痛だけが認められることもある。とくに馬尾が障害されている症例では、顕著な腰部痛と同時に尾の麻痺がみられることがある。

　神経学的検査では、L4-S3の病変であることを裏付ける特徴的な検査結果であることがポイントになる。表15-1に、L4-S3の病変によって認められる典型的な臨床症状と検査所見をまとめる。

第15章 脊髄疾患へのアプローチ④ —L4-S3の病変—

表15-1 L4-S3の病変において認められる臨床症状と検査所見

項目	臨床症状と検査所見
意識状態	◆ 清明（正常）
姿勢・歩様	◆ 腰部痛による背弯姿勢 ◆ 後肢の開張姿勢 ◆ 後肢の不全麻痺または麻痺 ◆ 後肢の片側不全麻痺または麻痺
脳神経検査	◆ 異常なし
姿勢反応	◆ 両後肢または片側後肢の姿勢反応の低下または消失
脊髄反射	◆ 前肢：正常 ◆ 後肢：低下または消失（LMNS） ◆ 膝蓋腱反射の偽性亢進が起こることがある
その他の所見	◆ 排尿障害（UMN性またはLMN性の膀胱麻痺） ◆ 後肢の筋萎縮（神経原性萎縮） ◆ 後肢の筋緊張の低下または消失（LMNS） ◆ 尾の不全麻痺または麻痺

step 1（問診）からわかること

後肢の異常

L4-S3脊髄分節の障害では後肢の歩行障害（ふらつき、起立困難、起立不能など）が主訴となることが多い。また、症状が軽い場合や初期の場合は、問診で「後肢の爪が削れている」「ソファーや階段の上り下りができない」などの稟告が得られるかもしれない。通常は両側の後肢の異常が現れるが、原因によっては単肢の異常を訴えることもあるだろう。これらの稟告から、胸腰髄～腰仙髄の異常を疑うことができる。

痛み

歩行が可能な症例でも、「歩きたがらない」「背中を丸めている」「触られると怒る」など、腰部の痛みに起因する症状を示して来院することもある。また、痛みに関連して食欲や活動性が低下することもある。

排尿障害

前述のとおり、L4-S3脊髄分節には排尿に関する神経が存在するため、この脊髄分節の障害によって排尿障害が起きることがある。どの部位の障害においても随意排尿ができなくなる可能性があるが、病変部位によって蓄尿期または排尿期のどちらが機能不全となるかが決まる。したがって、飼い主は動物が「排尿ができない」と訴えることも、「尿が漏れる（尿失禁）」と訴えることもあるだろう。

第2部 各論

図15-4　椎間板脊椎炎による後肢の跛行と尾の麻痺
　　　　（動画145）
L7-S1の椎間板脊椎炎による馬尾の圧迫と炎症により重度の痛みを示し、動作は緩慢である。尾は揺れているが、随意運動は消失している。

図15-5　硬膜外病変による両後肢の不全麻痺（動画146）
両後肢は中等度のLMNSにより起立・歩行困難を呈している。本症例は画像検査によりL4-5の右側硬膜外病変が認められたが、病理組織学的診断には至らなかった。

step 2（観察）からわかること

姿勢の異常

　L4-S3の病変では、後肢の状態により、観察される姿勢はさまざまである。しかし、L4-S3脊髄分節には後肢のLMNが含まれるという解剖学的な特徴から、軽度の症例を除き、後肢に比較的顕著な運動障害が出現する。そのような症例では、後肢が起立不能の状態になっていることが多い。病変が馬尾に比較的限局している場合は起立可能であることが多いが、しばしば顕著な痛みを示す。この場合、動物は背弯姿勢をとり、動くのを嫌い、ゆっくりとした動作をする（**図15-4**、**動画145**）。

意識状態、行動の変化

　すでに解説したほかの脊髄分節の病変と同様に、L4-S3の病変では意識状態や行動の変化は認められない。

歩様の異常

　発症初期では、歩行時の後肢の爪が擦れる音、甲の汚れ、被毛や爪が削れていることから、後肢の異常を疑うことができる。後肢のLMNの障害が進むと、後肢による負重困難や不全麻痺が顕著に現れることが多い（図15-5、動画146）。症状に左右差が認められる場合には、次のstep 3（神経学的検査）で、異常が片側のみに現れているのか、症状に左右差があるのかを注意深く判断する。極端に片側に偏った病変では、病変側の後肢だけに症状が現れることがある。また、神経根病変は厳密には末梢神経の病変に分類されるが、神経根病変では単肢の挙上と跛行がみられることがあり、神経根徴候と呼ばれる（**図15-6**、**動画147**）。

尾の脱力

　馬尾の障害では、尾の脱力や麻痺がみられることがある。動物は尾を随意的に振ることができず、歩行時などは尾が単に「揺れている」様子が観察される（**図15-7**、**動画148**、**図15-4**、**動画145**も参照）。

筋萎縮

　L4-S3の病変では、後肢のLMNの障害のために神経原性筋萎縮が起こる。この場合、T3-L3の病変でみられる廃用性萎縮と比較して後肢の筋萎縮は急速に進行し、萎縮の程度も重度であるのが特徴である。

図15-6　神経根の圧迫による後肢の跛行（動画147）
L4-5の変形性脊椎症による骨増殖物が左側椎間孔を狭窄し、神経根の圧迫を生じていた。

図15-7　馬尾の障害による後肢の運動失調と尾の麻痺（動画148）
馬尾に発生した神経鞘腫瘍により、後肢の運動失調と尾の麻痺（虚脱）が認められる。

step 3（神経学的検査）からわかること

姿勢反応および脊髄反射の異常

姿勢反応は、両後肢もしくは病変と同側の後肢で低下または消失する。L4-S3の病変では後肢のLMNが障害を受け、脊髄反射は低下または消失（LMNS）する（図15-8、動画149）。なお、前肢は障害を受けないため、前肢の姿勢反応と脊髄反射は正常である（表15-2）。

痛みの有無

稟告や観察からは明らかな痛みが認められない動物でも、注意深い触診により痛みの徴候を検出できることがある（図15-9、動画150）。痛みが誘発される部位を調べることで、病変の局在を大まかに知ることができる。さらに、痛みの有無により病態の大まかな推測も可能である（→p.13参照）。しかし、痛みの確認のために無理にストレスをかけることで症状を悪化させる危険性もあるため、注意しなければならない。

筋萎縮と筋緊張の評価

筋萎縮の有無と程度、筋緊張の評価は脊髄病変の局在診断において極めて重要である。触診により、左右の後肢や腰部の筋量を評価する。前述のとおり、L4-S3の病変では、後肢のLMNの障害のために後肢の神経原性筋萎縮が起こる。また、両後肢の筋肉の緊張度も評価する。これは肢を屈伸したときにかかる抵抗によって、ある程度の判断をすることが可能である。L4-S3脊髄分節に異常がある動物では、後肢の筋緊張が低下または消失していることがある（図15-10、動画151）。

表15-2　脊髄反射の検査結果による脊髄病変の局在診断

病変部位	前肢	後肢
C1-5	UMNS	UMNS
C6-T2	LMNS	UMNS
T3-L3	正常	UMNS
L4-S3	正常	LMNS

第2部 各論

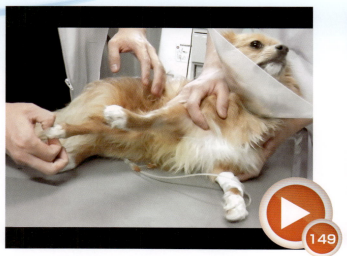

図15-8 髄内病変による後肢のLMNS（動画149）
L4-6における髄内病変により両後肢の脊髄反射および痛覚は消失している。

図15-9 触診による痛みの検出（動画150）
脊椎に対し圧刺激を加えることにより、痛みの局在を調べることができる（図15-10と同一症例）。本症例では尾側腰椎の圧迫により、強い疼痛反応が認められている。本症例は第5腰髄を中心とした髄内腫瘍が認められ、組織球肉腫が疑われた。

図15-10 後肢のLMNの障害による筋緊張の消失（動画151）
後肢を屈伸させたときの抵抗により筋緊張の評価が可能である。本症例では抵抗はほとんどないため、後肢はLMNS（弛緩性麻痺）を示していると判断できる（図15-9と同一症例）。

膝蓋腱反射の偽性亢進

　L6-S1からなる坐骨神経が障害された場合、膝蓋腱反射が亢進したような状態になることがある。これは「偽性亢進」と呼ばれ、膝蓋腱反射の際に収縮する伸筋群（大腿神経支配）の拮抗筋である屈筋群（坐骨神経支配）の筋緊張が低下しているために起きる。

L4-S3の病変の病態診断

病態診断は、シグナルメント、ヒストリー、病変の分布（限局性／多巣性／びまん性）、痛みの有無などからDAMNIT-Vに沿って考えていく。病態を考えるうえで、とくに痛みの有無は重要である。明らかな痛みが認められる場合には、N（腫瘍性疾患）、I（感染性／炎症性）、T（外傷性）などの病態を優先的に考える。たとえば、椎間板ヘルニアでも脊髄の挫傷や圧迫が起こり、痛みを伴う（椎間板ヘルニアはD：椎間板の変性により生じるが、脊髄にとってはT：外傷性の障害である）。

L4-S3の病変を引き起こす代表的な疾患を表15-3に挙げる。

表15-3　L4-S3の病変を引き起こす代表的疾患など

	分類	代表的な疾患など
D	変性性疾患	◆ 馬尾症候群
A	奇形性	―
M	代謝性	―
N	栄養性、腫瘍性	◆ 髄内腫瘍 ◆ 硬膜内腫瘍 ◆ 硬膜外腫瘍
I	炎症性／感染性	◆ 椎間板脊椎炎 ◆ 髄膜炎、髄膜脊髄炎（非感染性または感染性）
T	外傷性、中毒性	◆ 椎間板疾患* ◆ 骨折、脱臼
V	血管障害性	◆ 脊髄梗塞（線維軟骨塞栓症） ◆ 脊髄出血

＊多くの椎間板疾患は椎間板の変性により起きるが、脊髄に対しては外傷性の障害を加える。そのため、病態診断をDAMNIT-Vで考える際は、椎間板疾患は外傷性疾患ととらえるほうがよい

まとめ

L4-S3脊髄分節の病変は、後肢に異常が現れる点では前章で解説したT3-L3の病変と似ているかもしれない。しかし、後肢の脊髄反射の異常や尾の麻痺など、L4-S3の病変を疑うほかのサインを見逃さないようにしてほしい。神経根病変では整形外科疾患の症例とよく似た跛行を示すことがあるため、跛行の症例で整形外科疾患が除外された場合には、神経根病変を疑う必要がある。

> **本章のポイント**
>
> **1** L4-S3脊髄分節の機能的役割
>   L4-S3脊髄分節には後肢、会陰部、肛門、尾のLMNが存在し、後肢の筋群を支配している。また、排尿に関わる神経回路が存在する
>
> **2** L4-S3の病変の特徴的な症状と検査所見
>   後肢の歩行障害と顕著な筋萎縮がみられることが多い。馬尾の障害では尾の麻痺が起き、強い痛みを伴うことがある。さらに、排尿障害が認められることがある

症例14

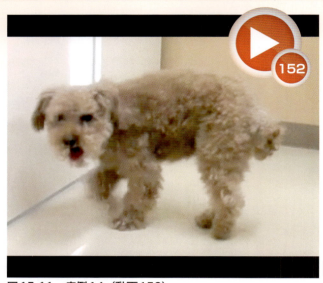

図15-11　症例14（動画152）

シグナルメント

トイ・プードル、雌、2歳2カ月齢

主訴

疼痛、後肢の挙上

ヒストリー

現病歴	5日前に抱こうとすると急にどこかを痛がった。その翌日、左側後肢を挙上していた。ときどき、発作のような悲鳴を上げる。普段はジャンプをするが、5日前からまったく跳ばなくなった
既往歴	なし
食事歴	市販ドライフード
予防歴	狂犬病ワクチンと混合ワクチンは接種済み、フィラリア予防は毎年実施している
家族歴	不明
飼育歴（飼育環境）	室内飼育
治療歴	非ステロイド系抗炎症薬（NSAIDs）を投与すると痛みの徴候は改善した

観察および神経学的検査

表15-4　症例14の観察および神経学的検査所見

項目	所見
意識状態	◆ 清明（正常）
観察	◆ 異常なし
脳神経検査	◆ 異常なし
姿勢反応	◆ 異常なし
脊髄反射	◆ 異常なし
その他	◆ 左側後肢の尾側への伸展で疼痛反応あり

まず考える病態

本症例は若齢であり、症状は間欠的（発作性）に現れている。発症後5日しか経過していないため、進行性かどうかの判断は困難である。また、明らかな疼痛がある点も重要である。「若齢動物における発作性の症状」から考えると、奇形・先天性、代謝性（奇形に関連しているかもしれない）、特発性疾患（てんかんなど）が鑑別診断の上位に挙げられる。痛みを伴うことがある病態として、N（腫瘍性）、I（炎症性）、T（外傷性疾患）が挙げられるが、いずれも発作性の症状は典型的ではない。また、左側後肢の整形外科疾患の可能性もある。

- ◆ 奇形・先天性疾患
- ◆ 代謝性疾患
- ◆ 特発性疾患
- ◆ 腫瘍性疾患 ┐
- ◆ 炎症性疾患 ├ 痛みを伴うが通常、発作性ではない
- ◆ 外傷性疾患 ┘
- ◆ 整形外科疾患

特発性疾患

特発性疾患は最終的に原因を特定できないときにつける病名であり、シグナルメントやヒストリーからrule-outしたりrule-inしたりする疾患ではない。しかし、特発性前庭疾患や特発性てんかんなど、原因を特定できない（特発性に起きる）ことが知られている疾患を疑う場合には、はじめから特発性疾患を鑑別診断リストに加えるべきである。本症例では症状から、特発性てんかんを鑑別診断リストに加える。

病変分布から考えられる病態

限局性病変の存在が疑われるが、症状は間欠的であり、病変分布の判断は困難である。

観察と神経学的検査による局在診断

観察では、意識状態や反応性には異常がみられず、脳神経の異常はみられないことから、脳疾患の可能性は低いと判断できる（ただし、特発性てんかんは除外できない）。診察時の歩様には明らかな異常は認められないが、過去に左側後肢を挙上していたというヒストリーがある。さらに、左側後肢の尾側への伸展によって顕著な疼痛反応が誘発されたことから、左側後肢または左側腰仙部領域の病変の可能性が考えられる。

鑑別診断と必要な追加検査

まずは整形外科疾患の精査を目的として、左側後肢（股関節や膝関節）の単純X線検査が必要である。また、腰仙椎の単純X線検査も行う。これらの検査で異常が検出できなければ、腰仙髄や馬尾の評価が必要となるため、CT検査やMRI検査による断層診断を行う。

- ◆ 意識状態は清明（正常） ┐ 脳疾患の可能性は低い？
- ◆ 脳神経の異常なし ┘
- ◆ 左側後肢の挙上 ┐ 左側後肢または
- ◆ 左側後肢の尾側への伸展による顕著な疼痛反応 ┘ 左側腰仙部領域の病変？

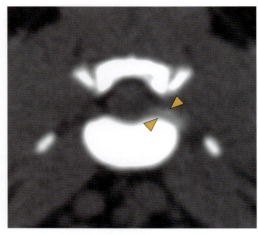

図15-12　腰椎のCT画像
L6椎体終板レベル短軸像。L6-7の左側椎間孔を占拠する骨増殖物による神経根の圧迫が疑われた（▶）。

追加検査所見

　左股関節と膝関節のX線画像に異常は認められなかった。腰仙椎のX線画像では、L6-7の椎間孔のオパシティが上昇していたが、責任病変であるか否かの判断は困難であった。続いて行われたCT検査において、L6-7の左側椎間孔を占拠する骨増殖物が認められた（図15-12）。

診断

骨増殖物による神経根の圧迫

　L6-7の左側椎間孔を占拠する骨増殖物による左側L6神経根の圧迫と診断された。

第2部 各論

第16章　末梢神経系疾患へのアプローチ

本章のテーマ
1. 末梢神経と神経筋接合部の機能的役割を理解する
2. 末梢神経系疾患における症状の多様性を理解する
3. 末梢神経系疾患で起こる異常の原則を理解する

末梢神経系疾患

　末梢神経系（peripheral nervous system：PNS）は中枢神経と末梢の効果器（筋肉や腺）および感覚受容器とを結ぶ神経系である。神経筋接合部は末梢神経と機能的に密接に関連しているため、本章では末梢神経系に含めて解説する。末梢神経系は全身に分布しており、障害部位と範囲によって、現れる症状は多様である。そのため、末梢神経系疾患はつかみどころがないという印象があるかもしれない。しかし、末梢神経系疾患で現れる異常の原則を理解し、系統的にアプローチすることで最終的な診断までたどり着くことができる。

末梢神経のしごと

　末梢神経系とは、解剖学的には中枢神経（脳・脊髄）以外の神経系のことであり、12対の脳神経とおよそ36対の脊髄神経からなる。機能的には、体性神経（運動神経および感覚神経）と自律神経に分類される。多くの末梢神経は、これらを含む混合神経である。末梢神経の役割は、中枢からの指令を筋肉や腺などの末梢の効果器に伝えることと、末梢の感覚情報を中枢に伝えることである。運動神経は脊髄に存在する下位運動ニューロン（LMN）からの指令を四肢の筋群に伝達し、感覚神経は四肢の感覚情報を中枢に伝達する役割を果たしている。また、末梢神経は接続する脊髄分節において、脊髄反射の反射弓を構成している（図16-1）。

神経筋接合部のしごと

　運動神経を伝わってきた電気信号は、神経終末においてアセチルコリン（Ach）の放出を促す（図16-2）。放出されたアセチルコリンは骨格筋終板のシナプス後膜上のアセチルコリンレセプターに結合し、情報が筋肉へと伝達される。そのため、アセチルコリンの放出、アセチルコリンエステラーゼによるアセチルコリンの分解、アセチルコリンレセプターとの結合のいずれかの過程に異常が起こることで、神経筋接合部の機能は損なわれ、運動機能障害が現れる。後天性の重症筋無力症では、シナプス後膜上のアセチルコリンレセプターに対する自己抗体が産生され、神経筋接合部における情報伝達が障害される。

3ステップによる診断アプローチ

- step 1　問診（動物がいなくてもできる検査）
- step 2　観察（動物に触らずに行う検査）
- step 3　神経学的検査（動物に触って行う検査）

第2部 各論

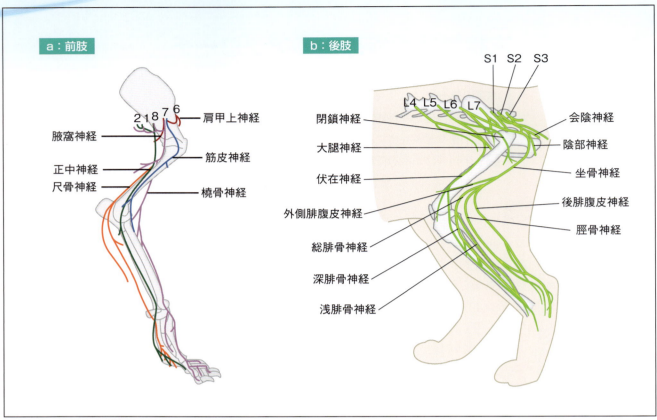

図16-1　前肢および後肢を支配する末梢神経
脊髄の頸膨大部または腰膨大部から派生した脊髄神経が合流し、前肢または後肢の神経を構成している。
Fitzmaurice S., *Saunders solutions in veterinary practice: small animal neurology*, 2010より引用・改変

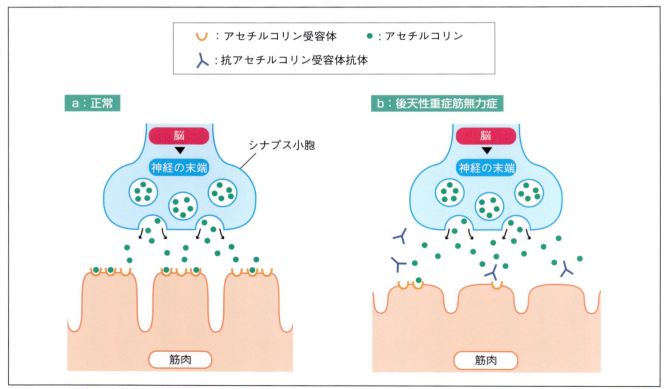

図16-2　神経筋接合部における情報伝達
運動神経の神経終末からアセチルコリンが放出され、シナプス後膜のアセチルコリン受容体と結合して、筋収縮が起きる。重症筋無力症の多くの症例では、抗アセチルコリン受容体抗体が存在し、アセチルコリンとアセチルコリン受容体の結合が効率的に起きなくなり、筋収縮が妨げられる。

末梢神経・神経筋接合部疾患の特徴的な症状と検査所見

末梢神経は全身の効果器（筋肉と腺）および感覚受容器と中枢神経を接続している神経系であるため、異常の存在する部位により、現れる症状や検査所見は多岐にわたる。また、病変が単一の神経に限局しているのか、複数の神経にまたがって存在するのかによって、現れる症状は異なる。したがって、末梢神経疾患に特異的な症状はない。

一方、神経筋接合部疾患では、神経筋接合部における情報の伝達が障害される結果、効率的に筋収縮ができなくなるという異常が起こる。その結果、程度や範囲に差はあるものの、比較的特異的な症状が発生する。

step 1（問診）からわかること

歩様の異常

次に挙げるような異常所見は、運動不耐性で認められる症状である。

- ◆ 歩行させると徐々に歩幅が狭くなっていく
- ◆ しだいに歩行不能になり伏せてしまう
- ◆ 休ませると再び歩行が可能になる

飼い主はこれらの症状を「散歩に行きたがらなくなった」「すぐに疲れてしまう」などと訴えるかもしれない。運動不耐性は全身型の重症筋無力症において特徴的に認められる症状であるが、症状は四肢のすべてに現れることも、後肢だけに現れることもある。また、複数の末梢神経が障害される病態（ポリニューロパチー）では、運動の開始時から動きが緩慢になっていることがある。

単独の末梢神経が障害された場合には、その神経の機能喪失が症状の原因になる。肢の末梢神経が障害されれば、単肢の麻痺、不全麻痺、挙上、跛行などが現れることがある（詳しくは下記「step 2（観察）からわかること」を参照）。

痛みに伴う異常

腫瘍や椎間板物質などによる神経根の圧迫、末梢神経の腫瘍などにより、痛みが認められることがある。通常、痛みがある動物は運動を嫌い、痛みが出ないようにじっと動かずにいるものである。また、診察の際には抱くと発作的に鳴いたり、触られるのを嫌がったりするかもしれない。

嚥下障害、吐出

舌咽神経や迷走神経の障害、あるいは重症筋無力症では、嚥下障害や食道拡張を認めることがある。これらの異常により、飲水や採食が困難または不可能になったり、吐出などの異常に飼い主が気づくことがある。

step 2（観察）からわかること

歩様の異常

末梢神経疾患では歩様の異常がしばしば認められる。単独の末梢神経が障害された場合（モノニューロパチー）には、患肢の麻痺、不全麻痺、挙上、跛行などが現れることがある（図16-3、動画153、図16-4、動画154）。一般的には、跛行は整形外科疾患に伴って認められる症状であるが、単肢の末梢神経に障害が起きた場合にも跛行が現れることがある。このため、整形外科的検査と神経学的検査による跛行の鑑別が重要になる。

■ 神経根徴候

椎間板ヘルニアや変形性脊椎症による椎間孔狭窄または腫瘍により神経根が圧迫されると、痛み、患肢のLMNS、跛行、患肢の挙上などの神経根徴候が現れることがある（動画135→p.150、動画147→p.171）。

第2部 各論

■ 単肢の完全麻痺

単肢が完全麻痺し、屈曲も伸展もできない場合は、患肢の神経裂離が疑われる。これは交通事故などの外傷後に生じることが多く、腕神経叢での発生頻度が最も高いといわれている（図16-5、動画155）。

■ 蹠行

飛節を地面に着けた状態で歩行する歩様を蹠行と呼ぶ（図16-6、動画156）。これは糖尿病の猫においてときどきみられる歩様である。持続的な高血糖の結果、グルコースの代謝産物であるソルビトールがシュワン細胞内に蓄積し浮腫を起こすことで、軸索変性が生じると考えられている。

図16-3 左側後肢の不全麻痺（動画153）
左側坐骨神経の腫瘍により不全麻痺を呈している。

図16-4 右側後肢の挙上と跛行（動画154）
右側坐骨神経の腫瘍により右側後肢の跛行を示している。静止時には右側後肢は挙上していることが多い。右側後肢の筋萎縮にも注目。

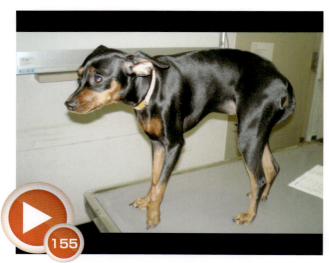

図16-5 左腕神経叢の裂離による完全麻痺（動画155）
交通事故による腕神経叢の裂離により左側前肢は完全麻痺している。腕神経叢は完全に裂離しているため、肢は屈曲も伸展もできない。

図16-6 両側の坐骨神経障害による蹠行（動画156）
両後肢とも静止時および歩行時には飛節が地面に着いており、坐骨神経の障害が疑われる。

第16章 末梢神経系疾患へのアプローチ

図16-7 運動不耐性（動画157）
2カ月齢のラブラドール・レトリーバー。運動により、徐々に筋力が低下している。
＊動画提供：松本博生先生（ジップ動物病院）のご厚意による

図16-8 四肢のLMNSによる起立不能（動画158）
四肢のLMNSを示している。前肢には随意運動は残っているが、筋力の低下が顕著であり、自力での負重ができない。急性神経根神経炎が疑われた。

運動不耐性（易疲労性）

運動によって徐々に筋力が低下する場合は、運動不耐性（易疲労性）を疑う（図16-7、動画157）。運動不耐性は後天性重症筋無力症（全身型）の特徴的な症状と考えられているが、すべての症例で認められるとは限らない。また、前肢よりも後肢に顕著な症状が現れることが多いが、前述のように後肢だけに症状が現れる症例、後肢が硬直したようになる症例など、多様である。

下位運動ニューロン徴候（LMNS）

局所的な末梢神経障害では単肢で、全身性であれば四肢でLMNSが認められることがある。発生は比較的まれであるが、神経根神経炎では四肢のLMNSがみられる。この場合、動物は起立できず（わずかな随意運動は残っていることが多い）、体をもぞもぞするような動きが特徴的である（図16-8、動画158）。LMNSを示している場合は筋力が低下しているため、体はぐにゃぐにゃした感じとなり、支持して起立させても崩れてしまう。

筋萎縮

末梢神経の障害では、支配筋の神経原性萎縮が生じる。障害が重度であれば萎縮は急速に進行し、観察によって筋の萎縮が容易にわかることがある（図16-4、動画154、図16-5、動画155）。

step 3（神経学的検査）からわかること

脳神経の異常

脳神経が障害されると、その脳神経の機能に対応した異常が現れ、症状または脳神経の神経学的検査により異常を検出することができる。臨床的に問題になりやすいのは、前庭神経、顔面神経、三叉神経であり、これらは第10章（p.115～）と第11章（p.126～）で詳しく取り上げた。第5章（p.36～）でも述べたが、脳神経障害の場合、中枢性と末梢性では治療法や予後が異なるため、その鑑別が重要である。一般的に、両側性の脳神経障害は末梢性であることが多く、片側性の脳神経障害は末梢性でも中枢性でも認められる。また、第Ⅲ～Ⅻ脳神経（CN 3～12）の核は脳幹に存在するため、中枢性の脳神経障害では意識障害や姿勢反応の異常など、脳幹病変による異常を伴うことが多い。脳幹については第9章（p.106～）で詳しく解説している。

姿勢反応および脊髄反射の異常

肢の末梢神経が障害を受ければ、患肢の随意運動の低下が生じ、歩様異常が認められる。神経学的検査では、通常、姿勢反応の低下または消失が検出される。脊髄反射が低下または消失している場合は、LMNSを疑う（**図16-9**、**動画159**）。神経筋接合部疾患（重症筋無力症）では、検査開始時には脊髄反射や姿勢反応は正常であるが、検査を繰り返すうちに反応や反射が鈍くなっていくことがある。

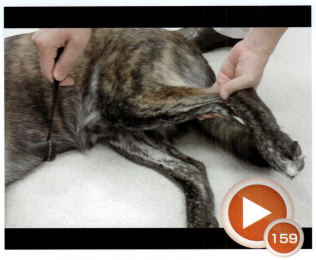

図16-9　脊髄反射の消失（動画159）
四肢のLMNSにより起立不能となっている。脊髄反射は低下～消失している。本症例の診断は、急性特発性多発性神経根神経炎であった。

末梢神経・神経筋接合部疾患の病態診断

末梢神経・神経筋接合部疾患の病態診断の進め方は、脳疾患や脊髄疾患の場合と同様に、シグナルメントとヒストリー（急性／慢性、進行性／非進行性）からDAMNIT-V分類に照らし合わせて考えていく。さらに、観察と検査所見から病変の分布（限局性、多巣性、びまん性）を考える。そして、病変の分布をもとにさらなる病態の絞り込みを行う。

末梢神経・神経筋接合部疾患の場合、病変の分布によって疑われる病態が大きく異なる。**表16-1**に単肢の末梢神経疾患を起こす代表的な疾患を、**表16-2**には全身性の末梢神経・神経筋接合部疾患を起こす代表的な疾患を記載した。

表16-1　単肢の末梢神経疾患を起こす代表的な疾患など

	分類	代表的な疾患など
D	変性性疾患	◆ 椎間孔狭窄（椎間板ヘルニア*、変形性脊椎症）
A	奇形性	―
M	代謝性	―
N	栄養性、腫瘍性	◆ 末梢神経鞘腫瘍 ◆ リンパ腫
I	炎症性／感染性	◆ 神経叢神経炎（両側前肢で発症することが多い）
T	外傷性、中毒性	◆ 外傷性の神経損傷
V	血管障害性	◆ 動脈血栓塞栓症

＊多くの椎間板疾患は椎間板の変性により起きるが、脊髄に対しては外傷性の障害を加える。そのため、病態診断をDAMNIT-Vで考える際は、椎間板疾患は外傷性疾患ととらえるほうがよい

表16-2　全身性の末梢神経・神経筋接合部疾患を引き起こす代表的な疾患など

	分類	代表的な疾患など
D	変性性疾患	◆ 末梢性ニューロパチー
A	奇形性	―
M	代謝性	◆ 糖尿病 ◆ 甲状腺機能低下症 ◆ ビタミンB_1（チアミン）欠乏症
N	栄養性、腫瘍性	◆ インスリノーマ ◆ 腫瘍随伴性ニューロパチー
I	炎症性／感染性	◆ 急性特発性多発性神経根神経炎 ◆ 重症筋無力症 ◆ 慢性特発性多発性神経炎 ◆ 原虫感染症
T	外傷性、中毒性	◆ ダニ麻痺 ◆ 蛇毒 ◆ ボツリヌス中毒 ◆ 有機リン中毒 ◆ アミノグリコシド中毒 ◆ 化学療法薬の投与
V	血管障害性	―

まとめ

神経疾患のなかでも、末梢神経疾患と神経筋接合部疾患は特徴がつかみにくく、苦手としている方が多いのではないだろうか。CTやMRI検査で異常が検出できないことが多いのも、その一因かもしれない。前章までと同様に、ここでも重要になるのは末梢神経および神経筋接合部の機能的な役割と、特徴的な症状や検査所見を理解することである。全身に分布する末梢神経の場合はその「特徴的な所見」が多様ではあるが、原則を理解すればアプローチはそれほど難しくない。

本章のポイント

1 末梢神経と神経筋接合部の機能的役割
末梢神経は中枢と末梢を接続し、運動と感覚の情報を伝達している。神経筋接合部は末梢神経に伝達された情報を筋肉に伝える場である

2 末梢神経系疾患における症状の多様性
12対の脳神経と約36対の脊髄神経のどこが障害されるかによって、症状は多岐にわたる。神経筋接合部疾患の症状は比較的特徴的である

3 末梢神経系疾患で起こる異常の原則
末梢神経系疾患では、支配筋のLMNSが生じる。神経原性筋萎縮も特徴的な異常である末梢神経系疾患では、支配筋のLMNSが生じる。神経原性筋萎縮も特徴的な異常である

症例15

図16-10　症例15（動画119）

シグナルメント
ミニチュア・ダックスフンド、避妊雌、9歳齢

主訴
元気・食欲の低下、流涎、飲水困難

ヒストリー

現病歴	来院前の数日、元気と食欲がなく、飲水がうまくできない。流涎が多く、飲水後に泡を1日数回吐く
既往歴	なし
食事歴	市販ドライフード
予防歴	混合ワクチンとフィラリア予防は毎年実施
家族歴	不明
飼育歴（飼育環境）	屋内飼育
治療歴	紹介元病院にてステロイド薬を投与したところ、やや改善した

観察および神経学的検査

表16-3　症例15の観察および神経学的検査所見

項目	所見
意識状態	◆ 鈍麻
観察	◆ 歩行可能だが運動性は低下 ◆ 下顎の下垂 ◆ 舌の萎縮と運動性の低下 ◆ 下顎の脱力 ◆ 咬筋および側頭筋の萎縮
脳神経検査	◆ 眼瞼反射、威嚇まばたき反応の低下 ◆ 上顎の知覚の低下 ◆ 右眼の縮瞳
姿勢反応	◆ 四肢で低下
脊髄反射	◆ 四肢で低下

まず考える病態

本症例は高齢であり、症状は急性進行性パターンを示している。疑われる病態として、進行性からは炎症性疾患または腫瘍性疾患を考える。

- ◆ 炎症性疾患
- ◆ 腫瘍性疾患

観察と神経学的検査による局在診断

観察所見および神経学的検査所見から、多発性の脳神経障害（三叉神経麻痺、顔面神経麻痺、舌下神経麻痺、ホルネル症候群）が疑われる。また、歩行可能であるが運動性が低下しており、四肢の姿勢反応や脊髄反射が低下している。これらの所見から、四肢のLMNSが疑われ、脊髄神経や神経筋接合部の異常も疑われる。

- ◆ 多発性の脳神経障害
- ◆ 歩行可能、運動性の低下
- ◆ 四肢の姿勢反応、脊髄反射の低下

→ 四肢のLMNS
↓
脊髄神経または神経筋接合部の異常？

病変分布から考えられる病態

本症例の病変は脳神経、脊髄神経（神経筋接合部も含む可能性あり）に及ぶ多巣性またはびまん性と考えられ、炎症性、中毒性、代謝性疾患を疑う。

- ◆ 炎症性疾患
- ◆ 中毒性疾患
- ◆ 代謝性疾患

鑑別診断と必要な追加検査

四肢のLMNSを示す末梢神経・神経筋接合部疾患の鑑別診断が必要である。代謝性疾患の鑑別のための血液検査、そしていくつかの異常は筋疾患に起因している可能性もあるため、CKやAST（GOT）の測定、筋生検の必要性についても検討する必要がある。また、症状からは嚥下障害や吐出が疑われるため、食道拡張の有無の確認を目的に画像検査を行う。

- ◆ 血液検査：代謝性疾患、筋疾患の鑑別
- ◆ 筋生検：筋疾患の鑑別
- ◆ 画像検査：食道拡張の有無の確認

追加検査所見

血液検査では症状の原因となるような異常は検出されなかった。胸部X線検査では、食道拡張が認められた。また、その他の検査では異常が認められなかった。

治療および経過

特発性の多発性ニューロパチー（脳神経を含む多発性末梢神経障害）としてステロイド薬による試験的治療とPEGチューブ（胃瘻チューブ）の設置を行った。しかしながら、本症例はその数日後に死亡した。

診断（病理組織学的検査所見）

特発性多発性神経節神経炎

病理組織学的検査では、複数の脳神経およびほぼ全身の脊髄神経と神経節への炎症性細胞浸潤が確認された。非感染性であったため、特発性多発性神経節神経炎と診断された。

第2部 各論

第17章　排尿障害へのアプローチ

本章のテーマ
1. 排尿に関わる神経解剖学を理解する
2. 排尿に関わる神経生理学を理解する
3. 排尿障害のパターンから局在診断ができるようになる

排尿障害

　排尿は脳と脊髄に存在するそれぞれの中枢、体性神経、そして自律神経によって制御されている複雑な行動である。排尿の異常を示す症例の診断を進めるためには、排尿に関する基本的な機能解剖学を理解しておく必要がある。本章では、まずは臨床獣医師として知っておくべき排尿の予備知識について、次に、脳または脊髄障害により発症する排尿障害への診断アプローチを解説する。

排尿

排尿に関わる膀胱と尿道の神経支配

　正常な貯尿および排尿を行うには、多くの神経が協調して機能する必要がある。膀胱を支配する神経には、下腹神経、骨盤神経、陰部神経がある（図17-1）。これらの神経はそれぞれが遠心性神経と求心性神経を有している。遠心性の下腹神経は犬ではL1-4脊髄分節、猫ではL2-5脊髄分節から発し、膀胱壁（β-アドレナリン作動性）と内尿道括約筋（α-アドレナリン作動性）を支配している。また、遠心性の骨盤神経（ムスカリン作動性）はS1-3脊髄分節から発し、膀胱壁を支配している。さらに、遠心性の陰部神経（ニコチン作動性）もS1-3脊髄分節から発し、外尿道括約筋を支配する。それぞれの求心性神経は、遠心性神経と同じ脊髄分節に入力する。

　排尿中枢は橋に存在し、排尿に関係する制御を行っている。また、大脳や小脳も随意的または不随意的な排尿に関与する（図17-2、17-3）。

3ステップによる診断アプローチ

- step 1　問診（動物がいなくてもできる検査）
- step 2　観察（動物に触らずに行う検査）
- step 3　神経学的検査（動物に触って行う検査）

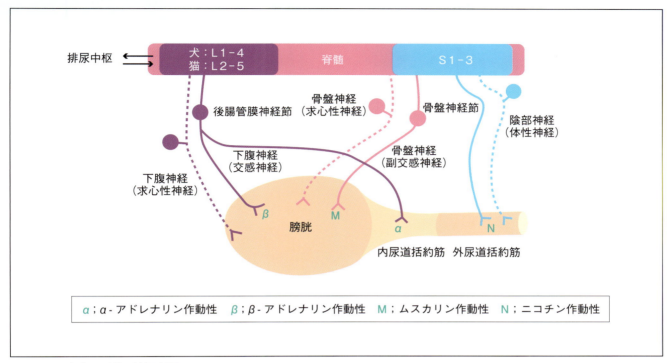

図17-1　膀胱と尿道の神経支配
膀胱と尿道は自律神経（下腹神経と骨盤神経）および体性神経（陰部神経）の支配を受け、これらの神経の活動のバランスにより蓄尿と排尿が繰り返されている。

排尿の制御に関する神経生理学

　排尿中枢は貯尿期、排尿期を通じて自律神経系と体性神経系によって排尿反射を制御している。膀胱内への尿の貯留により膀胱壁に存在する伸展受容器が興奮し、その刺激は骨盤神経を介してS1-3脊髄分節に入り、脊髄を上行して排尿中枢へと伝達される。具体的には、**図17-2、17-3**のような制御が行われる。

排尿障害の特徴的な症状と検査所見

　臨床的には排尿障害は何らかの神経疾患、とくに脊髄疾患に起因していることが多い。そのため、排尿障害のみが主訴であることは少なく、多くは四肢もしくは後肢の運動失調（ふらつき）、不全麻痺（転ぶ、うまく歩けない）、起立不能などを伴っている。これらの神経症状を伴わない排尿障害の場合は、まずは膀胱結石や腫瘍などによる尿路閉塞の有無を調べる必要がある。尿路の狭窄性または閉塞性疾患が除外された場合は、膀胱内圧や尿道内圧の測定などの特殊な検査が必要となる。

第2部 各論

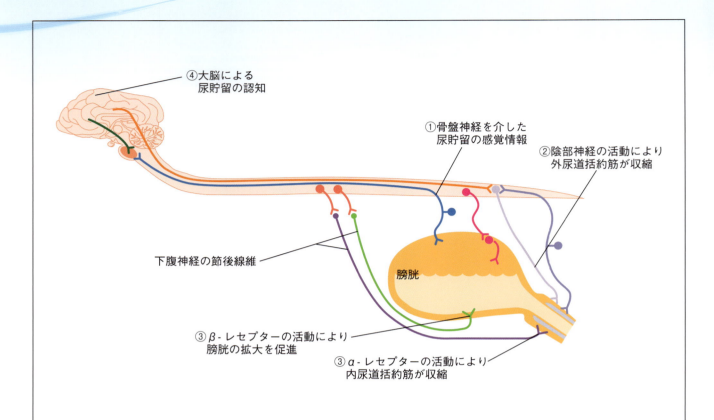

貯尿期

①骨盤神経の興奮抑制
排尿筋は下腹神経により交感神経の支配を受けており、骨盤神経の興奮を抑制することで膀胱壁の収縮を抑制し、尿の貯留を促進する。

②陰部神経の興奮
陰部神経の興奮により外尿道括約筋(横紋筋)が収縮する。

③下腹神経の興奮
下腹神経の活動により、膀胱壁の弛緩および内尿道括約筋(平滑筋)の収縮が生じる。

④下腹神経から脳への伝達
過剰な尿貯留は膀胱壁の過度の伸展を疼痛刺激として、下腹神経により脳へ伝達される。

図17-2 貯尿に関わる膀胱と尿道の神経制御
Fitzmaurice S., *Saunders solutions in veterinary practice: small animal neurology*, 2010より引用・改変

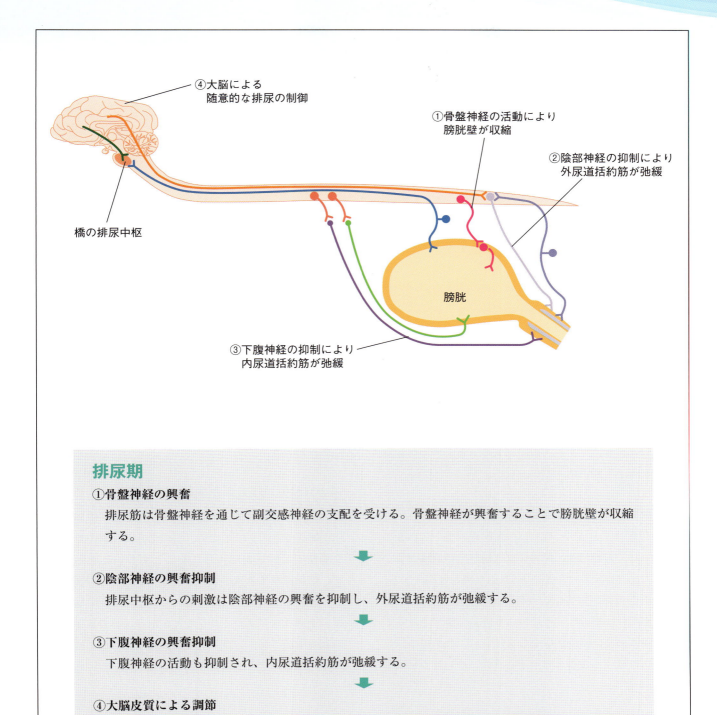

図17-3 排尿に関わる膀胱と尿道の神経制御
Fitzmaurice S., *Saunders solutions in veterinary practice: small animal neurology*, 2010より引用・改変

UMN性およびLMN性の膀胱麻痺

上位運動ニューロン性膀胱麻痺

　上位運動ニューロン（UMN）性膀胱麻痺（S1-3より上位の病変）では、排尿筋反射と感覚経路の両方に障害を受けることにより排尿障害を生じる。感覚経路の障害により膀胱内の尿貯留を認知できないため、随意的な排尿は消失する。また、尿道括約筋に対する上位からの抑制がなくなるため、尿道括約筋は過度な緊張を示し、排尿ができなくなる。

　身体検査では、拡大し緊張した膀胱が触知される。尿道括約筋の緊張のため、圧迫排尿は困難である。膀胱が限界容量に達し、膀胱内圧が尿道内圧を超えると尿が漏れ出る。尿路閉塞による排尿障害とは異なり、膀胱へのカテーテルの挿入は容易である。このような状態が1週間ほど持続した後、尿道括約筋の緊張はしだいに低下し、反射性の排尿が認められるようになる。下腹神経が起始するL1-4脊髄分節（猫ではL2-5）よりも上位に病変が存在する場合には、膀胱の収縮を抑制している下腹神経のはたらきがなくなるため、少量の尿貯留により反射性の排尿が起きる。また、腹圧の上昇も反射性の排尿を引き起こすことがある。

下位運動ニューロン性膀胱麻痺

　下位運動ニューロン（LMN）性膀胱麻痺（S1-3の病変）では、骨盤神経の障害により膀胱壁の収縮および尿貯留の感知ができないため、随意的な排尿は消失する。また、陰部神経の障害により外尿道括約筋は弛緩する。膀胱は弛緩性に拡大し、圧迫により容易に排尿させることが可能である。圧迫排尿をしなければ、多量の残尿により膀胱は拡大したままになる。また、S1-3の病変では下腹神経は障害されないため、内尿道括約筋の活動は正常である。そのため、圧迫排尿の際に抵抗を感じることがある。

■ 骨盤神経または陰部神経のみの障害

　発生頻度は低いが、骨盤神経または陰部神経だけが障害されることがある。骨盤神経のみの障害の場合は、尿貯留の感知および膀胱壁の収縮が障害されるため、随意的な排尿は消失する。また、膀胱は弛緩性麻痺を呈する。下位運動ニューロン性膀胱麻痺とは異なり、陰部神経による尿道括約筋の支配は正常であるため、通常、尿の漏出は起こらない。また、上位運動ニューロン性膀胱麻痺とは異なり、過剰な蓄尿は疼痛刺激として下腹神経によって脳に伝達されるため、蓄尿に対する反応（排尿姿勢をとるなど）は認められるかもしれない。

　陰部神経のみの障害はさらにまれであると考えられる。この場合は排尿中に尿道括約筋が収縮する（括約筋の反射失調）ため、排尿中に突然排尿が停止するという症状が現れる。

その他の病変による排尿障害

　大脳病変の症例では尿意の認知ができず、意識的な排尿が障害される。そのため、このような症例では不適切な場所での排尿が認められることが多いと考えられるが、膀胱のサイズは小さいだろう。小脳は排尿反射に対して抑制的な支配をしているため、小脳病変の場合は排尿の過剰反射が認められることがある。その結果、排尿回数の増加（頻尿）が生じる。排尿を行うことは可能であり、膀胱のサイズは小さいだろう。

step 1（問診）からわかること

排尿異常は、「尿失禁」と「排尿困難」に大きく分けることができる。

尿失禁

尿失禁では「抱き上げた際の尿漏れ」「断続的な尿漏れ」「外陰部付近の皮膚炎」などの稟告が得られることが多く、S1-3脊髄分節の病変（LMN性排尿障害）が疑われる。あるいは「排尿姿勢をとっていない状態で尿が漏れ出てくる」という稟告が聴取されるかもしれない。

排尿困難

排尿困難の場合は「排尿回数の減少」「尿が勢いよく出ず、ポタポタと垂れる」「不適切な場所やタイミングでの排尿がみられる」という異常が問診で得られるかもしれない。このような稟告からは、S1-3脊髄分節よりも上位の病変（上位運動ニューロン性膀胱麻痺）が疑われる。

step 2（観察）からわかること

意識状態・行動の異常

脳は尿意の認知や随意的な排尿に関与しているため、脳病変が存在する場合も排尿障害を生じる可能性がある。しかし、動物では脳疾患に起因した排尿障害は本来の意味の「排尿障害」であるのか、行動異常（記憶・学習行動の喪失）であるのかを正確に鑑別することは不可能である。いずれの場合でも、不適切な場所での排尿として認められることが多いだろう。また、同時に意識状態の変化や徘徊などの行動異常が観察されるかもしれない。

歩様の異常

■ 脳疾患による排尿障害

脳疾患による排尿障害では、運動失調、旋回運動などの前脳病変に起因する歩様の異常が認められることがある。前脳病変の症例では重度の歩行障害が出現することは少なく、たとえば四肢の麻痺による歩行不能という症状はあまり認められない。

■ 脊髄疾患による排尿障害

脊髄疾患による排尿障害であれば、その重症度や病変の局在によって運動失調、不全麻痺、麻痺などさまざまな歩行障害が顕著に認められる傾向がある。C1-T2の病変であれば四肢の症状、T3-S3の病変であれば後肢の歩様の異常が観察される。S1-3の病変の場合は、坐骨神経障害による歩様の異常が認められることはあるが、大腿神経は正常であるため、通常、後肢の対麻痺は認められない。したがって、上位運動ニューロン性膀胱麻痺が生じている場合は、四肢もしくは後肢の麻痺あるいは不全麻痺を併発していることが多いが、対照的に下位運動ニューロン性膀胱麻痺が生じている場合は、障害がS1-3に限局していれば後肢の運動機能は温存されていることがある。

尿意の有無

動物が排尿しようとして「いきむ」かどうかを観察することは重要である。膀胱壁が過剰に伸展した場合は、S1-3脊髄分節に存在する排尿中枢からの刺激が脊髄を上行し、最終的に大脳で尿意として認知される。脳や脊髄が障害された場合は、尿意の減弱や消失が生じる可能性がある。そのため、尿が貯まっても「いきむ」という行動は認められない。この症状は上位運動ニューロン性、下位運動ニューロン性排尿障害のいずれにおいても認められる。

過剰な蓄尿があり、排尿姿勢をとっているにもかかわらず少量しか排尿できない、もしくは排尿がまったく認められない場合は、まずは尿道閉塞など神経疾患以外の疾患の除外が必要である。

第2部 各論

step 3（神経学的検査）からわかること

脳神経の異常

前脳病変により排尿障害が発症している場合は、威嚇瞬き反応の異常や顔面の感覚鈍麻が認められることがある（第7章→p.86参照）。また、脳幹病変でも排尿障害が発生する可能性がある。脳幹病変の場合は、病変の局在によりさまざまな脳神経の異常が生じることが予測される。

姿勢反応の異常

姿勢反応は四肢もしくは両後肢で低下または消失していることがある。つまり、C1-T2脊髄分節の病変であれば四肢の異常、T3-S3脊髄分節の病変であれば後肢の異常が認められる。脊髄内を走行している排尿をつかさどる神経は、運動神経線維よりも損傷に対する抵抗性が強い。このため、通常、脊髄の圧迫性病変の場合には、姿勢反応の異常がみられる前に排尿障害が生じることはない。

脊髄反射の異常

脊髄病変の局在により、さまざまなパターンで四肢の脊髄反射の異常が認められる（第12～15章→p.135～176参照）。会陰・肛門反射は鉗子などで肛門付近を刺激すると肛門括約筋が収縮する反射であり、この検査は排尿障害を示す動物において重要である。S1-3脊髄分節に障害が発生した場合は、会陰反射の低下または消失が認められる。会陰・肛門反射が消失した症例では、弛緩して常に開いている肛門が認められることがある。これは下位運動ニューロン性排尿障害において特徴的な症状である。

まとめ

排尿障害は脳疾患や脊髄疾患に併発する一般的な障害であり、日常的に遭遇する機会も多いだろう。診断をする際にも、さらに治療や介護をする際にも、排尿の生理学と解剖学の知識が要求される。本章で解説したように、排尿はさまざまな中枢と反射が関与する複雑な行動であるため、排尿障害を理解するのはなかなかの大仕事である。しかし、これらを意識しながら日常の診療を行うことで、排尿障害へのアプローチ法が自然と身につくだろう。

本章のポイント

1. **排尿に関わる神経解剖学**
   排尿の中枢は橋にあり、大脳と小脳からの制御を受けている。膀胱および尿道を支配する末梢神経は下腹神経、骨盤神経、陰部神経である

2. **排尿に関わる神経生理学**
   膀胱および尿道は、体性神経と自律神経の支配を受けている。運動神経の神経伝達物質およびその受容体は多様であり、薬物治療を行ううえで重要なポイントである

3. **排尿障害のパターンから行う局在診断**
   「尿失禁」か「排尿困難」かをまず考え、さらに尿意の有無、膀胱の大きさと緊張度、圧迫排尿の可否、およびその他の神経学的検査所見により、病変の局在を考える

第3部
注意が必要な疾患

　猫の神経疾患に対する診断アプローチは、基本的には犬のそれと同じである。しかし、犬と猫では好発疾患は異なるため、病態を考える際には少し頭の切り替えが必要である。また、神経疾患だけにとらわれないようにすることも大切である。第3部では、神経疾患と非神経疾患との鑑別のポイントを解説する。

第18章 猫の神経疾患へのアプローチ

第19章 神経疾患と間違われやすい疾患

第3部 注意が必要な疾患

第18章 猫の神経疾患へのアプローチ

本章のテーマ
1. 猫には特発性の神経疾患が少ない
2. 猫には感染性の神経疾患が多い
3. 猫には神経原発の腫瘍が少ない

猫の神経疾患

　犬と比較すると猫の神経疾患を診察する機会は少ないため、猫の神経疾患に対して苦手意識をもつ獣医師は意外に多い。たしかに犬と猫では好発する疾患が大きく異なり、また、猫の性質上、症状を把握するのが難しいこともある。よって、猫の神経疾患を正しく診断するためには、猫に好発する神経疾患の特徴を押さえることが重要である。検査の手技や系統的な診断アプローチは、犬の神経疾患に対するアプローチと何ら変わらない。本章では、遭遇機会の多い代表的な猫の神経疾患を解説する。

猫の神経疾患の特徴

　全体的に猫の神経疾患が少ない理由として、犬において発生頻度の高い神経疾患である髄膜脳炎や髄膜脊髄炎（おそらく免疫介在性と考えられる）、椎間板ヘルニア、特発性（老齢性）前庭疾患、特発性てんかんなどが猫ではまれであることがまず挙げられる。岐阜大学附属動物病院の過去のデータを解析すると、神経科を受診した猫の主訴は、次の順に多かった。

① 歩行障害
② 痙攣
③ 行動の変化
④ 前庭症状

　病態別に比較すると、最も多かったのは炎症性疾患であった。犬においては、免疫介在性と考えられている炎症性疾患（例：髄膜脳炎や髄膜脊髄炎）が多いのに対し、猫では同様の免疫介在性神経疾患の発生はまれである。猫の炎症性神経疾患の多くは感染性であり、そのなかで猫伝染性腹膜炎（feline infectious peritonitis：FIP）ウイルス感染症は発生頻度の最も高い感染性疾患である。また、犬で発生の多い特発性前庭疾患は猫では少なく、猫では感染性の中耳炎に続発した前庭疾患が多い。

　このように、犬と猫では発生頻度の高い神経疾患に大きな違いがある。しかし、前章までに述べてきた診断ア

3ステップによる診断アプローチ

step 1	問診（動物がいなくてもできる検査）
step 2	観察（動物に触らずに行う検査）
step 3	神経学的検査（動物に触って行う検査）

第18章　猫の神経疾患へのアプローチ

図18-1　猫伝染性腹膜炎（FIP）ウイルス感染症（動画160）
神経型FIPに罹患した猫は若齢で意識状態が極端に低く、発熱、食欲廃絶を示すことが多い。

図18-2　水頭症

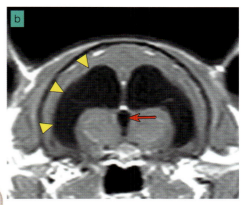

図18-2a（動画161）　FIPウイルス感染症に続発した水頭症のメイン・クーン、8カ月齢。食欲廃絶、発熱、痙攣発作を主訴に来院した。

図18-2b　脳のMRI画像（造影後T1強調短軸断像）では側脳室（▷）と第三脳室（⇒）の拡大が認められる。側脳室の辺縁の一部は造影されており、脳室周囲炎を疑う。

プローチは共通する点が多く、猫だからといって特殊な検査や思考プロセスが必要なわけではない。

炎症性疾患

すでに述べた通り、猫では免疫介在性の脳炎や脊髄炎はほとんどみられない。猫で中枢神経の炎症性疾患が疑われる多くの場合、原因は感染症であり、そのなかで最も発生頻度が高いのがFIPである。FIPの罹患猫の多くは若齢であり、重度な意識障害、振戦、痙攣、発熱、食欲低下または廃絶を示す（**図18-1、動画160**）。また、猫ではFIPに続発して水頭症が起きることも知っておく必要がある（**図18-2、動画161**）。犬のような先天性の水頭症はまれであり、水頭症を疑う猫に対してはFIPの検査が必須である。

■ 多発性神経根神経炎

猫において発生頻度の最も高い炎症性疾患では、若齢の症例であることが多い。このことも猫において、感染性疾患が多いことと矛盾しない。また、まれではあるが、猫においても非感染性の炎症性疾患を疑う症例に遭遇することがある。最もよく知られているのは多発性神経根神経炎である。これは免疫介在性の病態が疑われているが、真の原因は不明であり、ワクチン接種後に発症したという例も報告されている。多発性神経根神経炎の症例は四肢と体幹のLMNSを特徴的に示すため、負重ができず、体幹もぐにゃぐにゃして脱力した状態になる（**図18-3、動画158**）。予後は良いとされており、図18-3の症例も4週間後にはほぼ正常なレベルまで自然回復した。

第3部 注意が必要な疾患

図18-3　四肢不全麻痺（動画158）
急性のLMN性四肢不全麻痺を呈した5カ月齢の雑種猫。四肢の筋は脱力し、負重ができない。

図18-4　前脳腫瘍（動画162）
左側前脳に腫瘍が認められた症例。猫では神経学的検査の実施がときに困難であるが、ていねいに検査を行うと多くの症例で異常が検出できる。本症例は、右側前後肢の姿勢反応が低下または消失している。

図18-5　大脳腫瘍

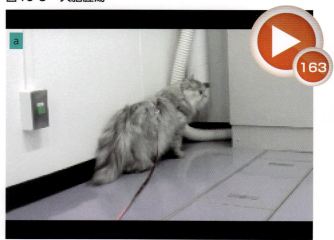

図18-5a（動画163）　左側大脳に巨大な脳腫瘍が認められた10歳5カ月齢の猫。旋回や徘徊が始まり、その後、痙攣発作が出現した。

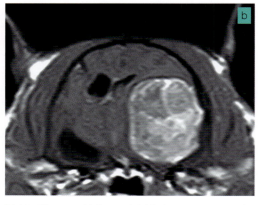

図18-5b　MRI検査では左側大脳に巨大な腫瘍（髄膜腫）が検出された。

腫瘍性疾患

　炎症性疾患の次に発生頻度が高いのが腫瘍性疾患である。年齢が上がるにつれ、炎症性疾患の発生頻度は減少し、逆に腫瘍性疾患は増加傾向を示す。これは、高齢の猫を診察する機会が増加したこと、CT検査やMRI検査が利用可能になり診断精度が上がったことなどが関係していると考えられる。神経原発性脳腫瘍の場合は、犬の場合と同様に病変が形成された部位に依存した症状が発現するので、局在診断にはやはり観察や神経学的検査が重要である（**図18-4、動画162**）。

■ 髄膜腫、リンパ腫

　猫に最も多い頭蓋内腫瘍は髄膜腫である。犬と比較すると猫の髄膜腫は組織学的に良性であることが多く、臨床症状もより緩徐に進行するため、飼い主が症状に気づきにくい（年齢による変化と判断されることもある）。慢性的な経過を辿り、結果的に巨大化した腫瘍が見つかることが多い（**図18-5、動画163**）。リンパ腫は猫に多い腫瘍だが、脳、脊髄、脊髄硬膜外に発生することがあり、一般的に予後は悪い（**図18-6、動画16**）。

第18章　猫の神経疾患へのアプローチ

図18-6　リンパ腫に伴う歩行障害

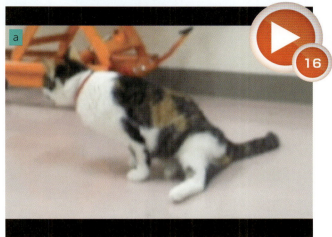

図18-6a（動画16）　馬尾領域の硬膜外病変により、後肢の不全麻痺と尾の脱力がみられる。

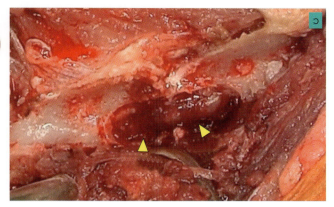

図18-6b　病変（▷）が外科的に切除され、症状は改善した。病理組織学的診断はリンパ腫であった。

図18-7　扁平上皮癌の頭蓋内浸潤

図18-7a（動画164）　右耳に発生した扁平上皮癌が脳幹に浸潤し、右側捻転斜頸がみられる。

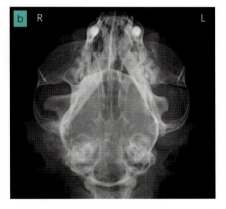

図18-7b　単純X線画像では右鼓室および右側頭部周辺の骨膜反応と骨増殖像がみられる。

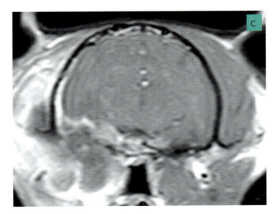

図18-7c　MRI画像では、造影される鼓室周囲と側頭部の病変が頭蓋内に浸潤している様子がわかる。

■ 腫瘍の浸潤

　実際には、猫では神経原発性の腫瘍が犬ほど多くはなく、むしろ軟部組織の腫瘍が頭蓋内や脊椎内に浸潤して神経症状を示すことが多い。猫では、頭蓋や顔面周囲の扁平上皮癌が比較的多く発生する。扁平上皮癌は浸潤性が強く、頭蓋骨、次いで脳内に浸潤する傾向がある。多くの場合、頭蓋骨や脊椎の融解像や増殖像がみられるため、X線検査は重要である（図18-7、動画164）。病態が進行している症例では、頭蓋内（または脊椎内）に腫瘍が浸潤し、何らかの神経症状を発現する。頭蓋内または脊椎内浸潤の評価にはCT検査やMRI検査などの断層診断が有用である。

第3部 注意が必要な疾患

図18-8　前肢の麻痺（動画165）
交通事故後に左側前肢遠位の麻痺が認められた。肘関節の屈曲は可能であるため、尾側腕神経叢の裂離が疑われる。

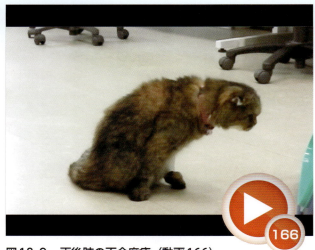

図18-9　両後肢の不全麻痺（動画166）
多発性椎間板ヘルニアにより両後肢の不全麻痺を示す16歳齢の猫。本症例は、L1-2とL2-3の2カ所に椎間板ヘルニアが認められた。

外傷性疾患

　地域差もあるが、外へ出る猫は未だに多いため、交通事故を含め外傷性疾患の罹患率が犬より高いのも猫の神経疾患の特徴である（**図18-8**、**動画165**）。猫の外傷性疾患の症例では、外傷性疾患に特徴的な甚急性の発症かつ非進行性の経過をたどる。

　猫の椎間板ヘルニアの発生頻度は犬と比較すると極端に低いが、まれには遭遇するため、頭の片隅に置いておいたほうがよい。我々の経験では、猫の椎間板ヘルニアは高齢の症例が多く、比較的尾側の腰椎間で発生する傾向がある（**図18-9**、**動画166**）。また、腰仙椎間の椎間板ヘルニアも散発し、これらの症例では馬尾の圧迫により顕著な腰背部痛を示すことがある。

　その他の病態である、代謝性、変性性、特発性疾患なども散発するが、発生頻度は低く、また、原因が特定できない疾患も多く含まれる。

まとめ

　猫の神経疾患に遭遇することは少ないが、基本的なアプローチはこれまでに解説してきた方法とまったく同じである。次に紹介する症例も例外ではないが、猫の神経疾患では炎症性疾患と腫瘍性疾患が多いことと関連し、臨床経過が進行性であることが多い。このことから、猫に発生する神経疾患に対してはより積極的に原因の追究を行い、早期診断と早期治療に努めることが重要である。

本章のポイント

1. **猫には特発性の神経疾患が少ない**
   犬に多い特発性てんかんや髄膜脳脊髄炎は、猫には少ない。したがって、精査をすると猫は器質的病変が見つかることが多い

2. **猫には感染性の神経疾患が多い**
   猫の炎症性疾患の多くは感染性である。したがって、病変の採材と病原体の特定が重要である

3. **猫には神経原発の腫瘍が少ない**
   神経の周囲組織の腫瘍が神経を圧迫・浸潤するケースが多い。よって、神経症状以外の症状が先行する可能性が高い

症例16

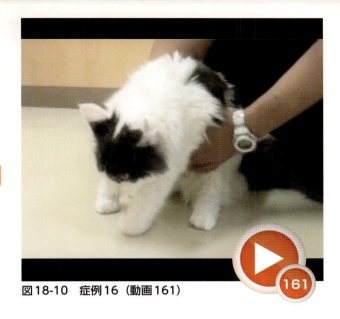

図18-10 症例16（動画161）

シグナルメント
メイン・クーン、雄、8カ月齢

主訴
ふらつき、元気・食欲の低下

ヒストリー

現病歴	10日くらい前からよく転ぶようになった。フラフラと歩き、とくに前肢に力が入りにくいようにみえる。元気・食欲がなく、顕著な疼痛はないようである
既往歴	結膜炎、鼻炎（3カ月齢時）
食事歴	市販ドライフード、猫用のササミ
予防歴	混合ワクチンは2回接種済み
家族歴	不明
飼育歴（飼育環境）	室内飼育（3カ月齢から飼育開始）
治療歴	3〜4日ごとにステロイド薬と抗菌薬の注射投与をすると、3日間くらいは症状が改善する

観察および神経学的検査

表18-1 症例16の観察および神経学的検査所見

項目	所見
意識状態	◆ 鈍麻
観察	◆ 起立は可能だがふらつく ◆ 両前肢の顕著なナックリングがみられる
脳神経検査	◆ 両側の威嚇まばたき反応の低下
姿勢反応	◆ 四肢：すべての姿勢反応は消失
脊髄反射	◆ 異常なし
痛覚	◆ 四肢すべて表在痛覚あり

まず考える病態

本症例は若齢であり、ヒストリーから、症状の進行パターンは急性進行性である。よって、奇形・先天性または炎症性疾患の2つが考えられる。

- ◆ 奇形・先天性疾患
- ◆ 炎症性疾患

観察と神経学的検査による局在診断

観察から、本症例の意識状態は極度に低く、周囲環境への反応性も鈍いことがわかる。両側の威嚇まばたき反応の低下は、頭蓋内疾患を示唆している。また、両前肢の強いナックリングがあり、歩行は不可能になっている。神経学的検査では、四肢に異常（姿勢反応の消失）が認められる。これらの異常から、病変は前脳に存在することが考えられる。また、頸髄に別の病変が存在する可能性もある。

- ◆ 意識状態は鈍麻
- ◆ 両側の威嚇まばたき反応の低下
  ⇒ 頭蓋内疾患？
- ◆ 両前肢の強いナックリング
- ◆ 歩行不能
- ◆ 四肢ともすべての姿勢反応は消失

前脳病変？

病変分布から考えられる病態

意識状態や反応性の異常および脳神経の異常（威嚇まばたき反応の低下）は、前脳病変による症状と考えられる。四肢の異常（姿勢反応の消失）もまた前脳病変に起因する可能性はあるが、頸髄に別の病変が存在する可能性もある。

- ◆ 意識状態は鈍麻
- ◆ 両側の威嚇まばたき反応の低下 ─ 前脳病変？
- ◆ 四肢ともすべての姿勢反応は消失
  ⇒ 前脳病変？ 頸髄に別の病変あり？

四肢の異常は左右対称性に出現しているので、病変分布はびまん性または多巣性と考えるべきである。これらの病変分布から、炎症性疾患が第1に疑われる。

- ◆ 四肢の異常は左右対称
  ⇒ 病変はびまん性または多巣性

炎症性疾患？

鑑別診断と必要な追加検査

炎症性疾患が疑われる場合は「感染性疾患」と「非感染性疾患」の鑑別が必要となる。感染性疾患に対しては、各種感染症に対する抗体価測定や抗原検査を実施する。本症例では脳および頸髄の炎症性疾患を疑うので、MRI検査と脳脊髄液検査が必要である。

追加検査所見

脳のMRI検査では、脳室（側脳室、第三脳室、第四脳室）の拡大が認められた（図18-11）。小脳の一部は大後頭孔よりヘルニアを起こしていたため、脳脊髄液の採取はできなかった。また、頸髄には造影増強効果を示す病変が認められた。血液の猫伝染性腹膜炎（FIP）ウイルス抗原検査は陽性であった。

診断および治療

水頭症および脊髄炎

本症例はFIPに続発した水頭症と脊髄炎と診断され、ステロイド薬の投与と支持療法による治療が行われた。

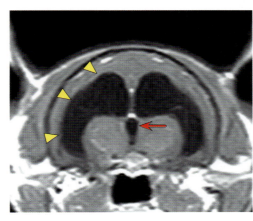

図18-11 脳のMRI画像
造影後T1強調短軸断像。側脳室（▷）と第三脳室
（➡）の拡大が認められる。側脳室の辺縁の一部が
造影されており、脳室周囲炎を疑う。

症例17

図18-12　症例17（動画16）

シグナルメント
雑種猫、避妊雌、10歳齢

主訴
元気・食欲の低下、起立不能

ヒストリー

現病歴	約3週間前から元気と食欲が低下した。同時期から両後肢がだんだん動かなくなり、現在は起立ができない
既往歴	なし
食事歴	市販ドライフード
予防歴	混合ワクチンは6歳齢時まで接種した
家族歴	不明
飼育歴（飼育環境）	室内飼育（外には自由に出る）
治療歴	なし

観察および神経学的検査

表18-2　症例17の観察および神経学的検査所見

項目	所見
意識状態	◆ 清明（正常）
観察	◆ 両後肢の不全麻痺と起立困難 ◆ 尾の麻痺 ◆ 両後肢の重度の筋萎縮
脳神経検査	◆ 異常なし
姿勢反応	◆ 両前肢：異常なし ◆ 両後肢：消失
脊髄反射	◆ 両前肢：異常なし ◆ 両後肢：低下〜消失
痛覚	◆ 右側後肢：深部痛覚の消失 ◆ 左側後肢：深部痛覚の低下
その他	◆ 随意排尿不可（圧迫排尿は容易）

まず考える病態

本症例の病態を考えるうえで重要なのは、高齢で症状が進行性であるということである。約3週間前の発症であることから、症状の進行は比較的急性である。したがって、高齢動物における進行性の病態として、最も疑われるのは腫瘍性疾患である。そのほか、高齢動物に好発する疾患として、代謝性、変性性、血管性疾患なども鑑別する必要がある。

- ◆ 腫瘍性疾患
- ◆ 代謝性疾患
- ◆ 変性性疾患
- ◆ 血管性疾患

血管性疾患は通常、非進行性であるため、本症例の経過とは一致しない。進行性の経過を示す炎症性疾患も除外する必要があるが、炎症性疾患は通常、比較的若齢の動物に多くみられることを覚えておくべきである。どの年齢層にも発生する病態(外傷性疾患や中毒性疾患)は、ヒストリーからある程度除外することが可能である。

- ◆ 腫瘍性疾患
- ◆ 代謝性疾患
- ◆ 変性性疾患
- ◆ 血管性疾患 ⇒ 通常は非進行性
- ◆ 炎症性疾患 ⇒ 比較的若齢の動物に多い
- ◆ 外傷性疾患 ┐
- ◆ 中毒性疾患 ┘ 問診から除外

観察と神経学的検査による局在診断

観察では意識状態や反応性には異常がみられず、歩様検査と神経学的検査において前肢と脳神経の異常がみられないことから、脳と頸髄(C1-5)および頸胸髄(C6-T2)の病変の可能性は低いと考えられる。両後肢の不全麻痺があり、重度の筋萎縮があること、後肢の脊髄反射が低下～消失していることから、病変はL4-S3脊髄分節に存在することが予想される。また、尾はだらりと麻痺していることから、病変は馬尾を障害していると考えられる。深部痛覚は左側後肢では低下しているが、右側後肢では消失しているため、病変は右側寄りに存在すると考えられる。

- ◆ 意識状態は清明(正常) ┐
- ◆ 前肢に異常なし   ├ 病変は脳、C1-5、
- ◆ 脳神経の異常なし   ┘ C6-T2ではない?
- ◆ 両後肢の不全麻痺   ┐ 病変は
- ◆ 後肢の脊髄反射が低下～消失 ┘ L4-S3領域?
- ◆ 尾の麻痺 ⇒ 病変は馬尾?
- ◆ 左側後肢の深部痛覚の低下、右側後肢の深部痛覚の消失
  ⇒ 病変は右側寄り?

病変分布から考えられる病態

局在診断からはL4-S3脊髄分節の病変であると考えられ、病変分布は限局性である可能性がある。腫瘍性疾患は限局性病変を形成する場合が多いことから、腫瘍性疾患を鑑別診断リストのトップに挙げる(病変分布からの病態の推測は第5章→p.36～を参照)。

鑑別診断と必要な追加検査

L4-S3脊髄分節と馬尾を障害する病変が疑われるので、まずは腰仙椎領域の単純X線検査が必要である。腫瘍性疾患を疑うため、腰仙椎の増殖像や破壊像がないかがポイントになる。単純X線検査において異常が認められない場合には、CT検査またはMRI検査による断層診断に進む。

追加検査所見

単純X線画像に異常は認められなかったため、腰仙髄領域のCT検査が行われた。CT検査では、L5-7において占拠性病変の存在が疑われた。

診断および治療

リンパ腫

脊髄造影CT検査により右側硬膜外病変と診断された。後日、病変の外科的切除（**図18-13**）と切除組織の病理組織学的検査が行われ、T細胞性リンパ腫と診断された。術後まもなく、歩行機能と排尿機能の改善が認められた。

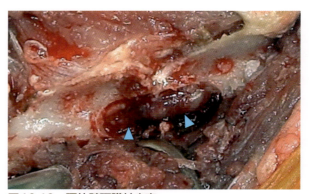

図18-13　腰仙髄硬膜外病変
術中所見。L5-6の右側片側椎弓切除後、暗赤色を呈する硬膜外病変が認められた（▶）。

症例18

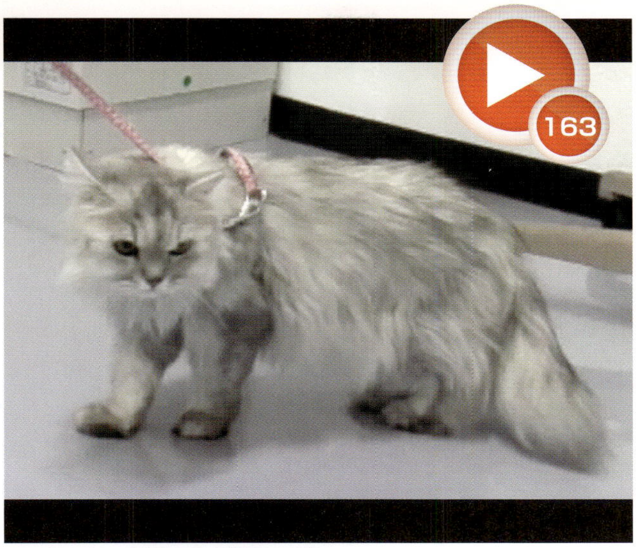

図18-14　症例18（動画163）

シグナルメント

雑種猫、去勢雄、10歳5カ月齢

主訴

てんかん発作、ふらつき、意識状態の変化

ヒストリー

現病歴　1カ月前に強直間代性痙攣が認められた。痙攣後、意識状態が低下し、歩行時にふらつきが認められるようになった

既往歴　なし

食事歴　市販ドライフード

予防歴　3種混合ワクチンは毎年接種している

家族歴　不明

飼育歴（飼育環境）　室内飼育（ときどきリードをつけて外に散歩に出る）

治療歴　抗てんかん薬（フェノバルビタール）と抗菌薬（オルビフロキサシン）を投与したところ、その後痙攣は認められなくなったが、意識状態の低下と歩行時のふらつきは持続している

観察および神経学的検査

表18-3　症例18の観察および神経学的検査所見

項目	所見
意識状態	◆ 低下
観察	◆ 徘徊、ときおり左旋回 ◆ 四肢において軽度のふらつきあり
脳神経検査	◆ 右側の威嚇まばたき反応の低下
姿勢反応	◆ 右側前後肢：低下
脊髄反射	◆ 異常なし

臨床検査

胸・腹部X線検査　異常なし

まず考える病態

本症例は10歳5カ月齢と高齢であり、症状は1カ月前から現れている。強直間代性痙攣は1回しか認められていないが、歩行時のふらつきと意識状態の変化は持続していることから、慢性経過であると考えられる。症状が進行性であるかどうかは、これらの情報から判断することはできない。

高齢動物に好発する病態としては、腫瘍性、変性性、血管性、代謝性疾患の4つが考えられる。これらの病態は、いずれも慢性の経過をたどる可能性がある。外傷性疾患や中毒性疾患はどの年齢層にも発生するが、多くの場合、問診により除外することができる。本症例には外傷歴はなく、投薬歴や飼育環境から、中毒性疾患の可能性も低いと判断された。

- ◆ 腫瘍性疾患
- ◆ 変性性疾患
- ◆ 血管性疾患
- ◆ 代謝性疾患
- ◆ 外傷性疾患 ┐ 問診から否定的
- ◆ 中毒性疾患 ┘

観察と神経学的検査による局在診断

観察から、本症例の意識状態は低下していることがわかる。歩行は可能だが、無目的であり（徘徊に近い）、壁伝いに歩く様子が観察された。また、左側へ旋回する傾向があることがわかる。神経学的検査からは、右半身の異常が検出されている。強直間代性痙攣のヒストリーともあわせて考えると、病変は前脳に存在する可能性が高く、また、局在は左側前脳と考えることができる。

- ◆ 意識状態の低下 ┐
- ◆ 徘徊   │ 病変は前脳に存在？
- ◆ 強直間代性痙攣 ┘
- ◆ 左側への旋回   ┐ 病変は
- ◆ 神経学的検査では右側の異常 ┘ 左側前脳？

病変分布から考えられる病態

局在診断からは左側の前脳病変が疑われ、症状および神経学的検査所見からは限局性病変の可能性がある。高齢動物において、慢性経過をたどる病態のなかで限局性病変を形成することが多いのは、腫瘍性疾患と血管性疾患である。変性性あるいは代謝性疾患はびまん性の病変を形成し、両側性に症状を示すのが一般的である。

- ◆ 高齢動物、慢性経過 ┐
- ◆ 左側の前脳病変   │ ⇒ 腫瘍性疾患？
- ◆ 限局性病変   ┘   血管性疾患？

鑑別診断と必要な追加検査

左側前脳の限局性病変が疑われるため、脳の断層診断が必要である。猫において血管性疾患（出血や梗塞）はまれであるが、これらの基礎疾患の有無を調べるために血液検査を実施する。また、代謝性疾患を調べる目的でも血液検査は重要である。脳の腫瘍性疾患の診断には、MRI検査が最も診断精度が高い。

追加検査所見

血液検査において、異常所見は得られなかった。また、脳のMRI検査を実施したところ、左側側頭葉に明瞭に造影される腫瘤性病変が認められ（図18-15）、頭蓋内の原発性腫瘍が最も強く疑われた。病変部位および画像所見からは髄膜腫の可能性が高いと考えられた。

診断

髄膜腫（疑い）

治療および経過

髄膜腫が疑われたため、1週間後に病変の外科的摘出が実施された。病変と正常組織との境界は明瞭で、ほぼすべての腫瘤は摘出された。病理組織学的検査の結果は髄膜腫であった。術後の経過は良好で、術後5日目から意識状態が清明となり、歩行時の旋回は消失し、姿勢反応の異常も認められなくなった。

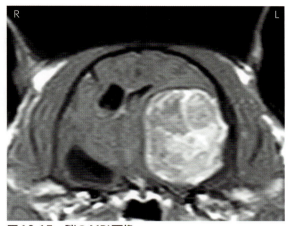

図18-15　脳のMRI画像
造影後T1強調横断像。左側側頭葉に明瞭に造影される腫瘤性病変があり、周囲脳組織の圧排像（マスエフェクト）が認められる。

症例19

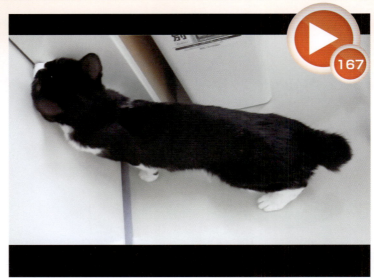

図18-16　症例19（動画167）

シグナルメント

雑種猫、去勢雄、11歳10カ月齢

主訴

食欲廃絶、徘徊、行動の変化

ヒストリー

現病歴	約2週間前から元気消失し、鼻汁の排泄が始まった。約10日前から徘徊、排泄の失敗などの行動の変化が認められている。2日前からは食欲廃絶となった
既往歴	なし
食事歴	市販ドライフード
予防歴	混合ワクチンは2歳齢時に接種した
家族歴	不明
飼育歴（飼育環境）	室内飼育
治療歴	なし

観察および神経学的検査

表18-4　症例19の観察および神経学的検査所見

項目	所見
意識状態	◆ 鈍麻
観察	◆ 徘徊 ◆ ときおり左側の障害物にぶつかる ◆ 軽度のふらつき
脳神経検査	◆ 両側：威嚇まばたき反応の低下 　（右側で重度）
姿勢反応	◆ 四肢で低下
脊髄反射	◆ 異常なし

まず考える病態

　本症例は11歳10カ月齢と、高齢の症例である。症状は元気消失、鼻汁排泄、徘徊、行動の変化など多様である。症状は約2週間前から発現し、進行している。要約すると、この症例は高齢であり、症状が2週間以内に急性進行性に悪化している。

- ◆ 高齢
- ◆ 急性進行性

　高齢動物に発生する病態として重要なのは、腫瘍性、変性性、代謝性、血管性疾患である。年齢に関係なく発生する病態として、中毒性疾患と外傷性疾患も考える必要がある。これらの病態のなかで、本症例のように急性進行性に進行し得る病態は、腫瘍性疾患および代謝性疾患である。高齢の猫では比較的まれだが、炎症性疾患や中毒性疾患も考慮に入れるべきかもしれない。

- ◆ 腫瘍性疾患 ┐急性進行性
- ◆ 代謝性疾患 ┘
- ◆ 変性性疾患
- ◆ 血管性疾患
- ◆ 外傷性疾患
- ◆ 中毒性疾患 ┐高齢の猫では比較的まれ
- ◆ 炎症性疾患 ┘

観察と神経学的検査による局在診断

　本症例では、観察により明らかな意識状態の低下（鈍麻）がわかる。また、無目的に診察室内を歩き回る様子（徘徊）が観察され、ときおり左側の障害物（診察台の脚）につまずいている。これらの観察所見から、病変が頭蓋内（とくに前脳）に存在することが強く疑われる。

- ◆ 明らかな意識状態の低下
- ◆ 徘徊
- ◆ 左側の障害物へのつまずき

→ 病変は頭蓋内？

病変分布から考えられる病態

　病変の分布は限局性、多巣性、びまん性に分けて考える。本症例では、観察所見から脳疾患が強く疑われるが、神経学的検査所見からは病変の左右の局在は推測できない。もし両側の前脳が障害されていれば、本症例でみられるような異常を呈する可能性がある。さらに、鼻汁の排泄ともつながるかもしれない。したがって、本症例では多巣性またはびまん性の病変分布を考える。多巣性またはびまん性の分布をとる病態としては、炎症性、変性性、代謝性、中毒性、腫瘍性疾患が考えられる。

多巣性または
びまん性の病態 ⇒
- ◆ 炎症性疾患
- ◆ 変性性疾患
- ◆ 代謝性疾患
- ◆ 中毒性疾患
- ◆ 腫瘍性疾患

鑑別診断と必要な追加検査

　ここまでで最も疑われる病態は、腫瘍性、代謝性、炎症性疾患である。病変の局在は頭蓋内（とくに前脳）を疑うので、最終的にはCT検査、MRI検査などの断層診断が必要になることが多い。また、腫瘍性疾患や代謝性疾患を疑う症例では、常に全身的なスクリーニングも必要であるため、X線検査や血液検査も実施する。

- ◆ 腫瘍性疾患
- ◆ 代謝性疾患
- ◆ 炎症性疾患

追加検査所見

　胸部および腹部のX線検査では、明らかな異常は認められなかった。血液検査では、クレアチンキナーゼ（CK）の上昇（>2,000 U/L）とカリウム（K）の低下（3.0 mEq/L）が検出された。
　頭部のCT検査では、多発性に頭蓋骨の増殖像と融解

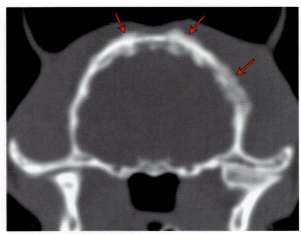

図18-17　頭部のCT画像
頭蓋骨には広範囲に増殖像と融解像（➡）が認められる。

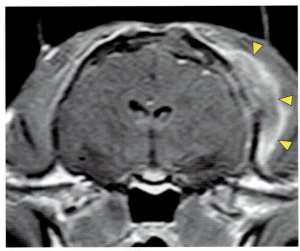

図18-18　頭部のMRI画像
造影後T1強調短軸断像。頭蓋骨周囲の軟部組織は腫脹しており、ガドリニウムにより増強されている（▷）。腫瘍の一部は融解した頭蓋骨から脳へ浸潤していることが疑われた。

像がみられ（図18-17）、MRI検査では骨融解を示す頭蓋骨周囲の軟部組織がガドリニウムによる増強効果を示した（図18-18）。病変の一部は頭蓋内に浸潤しており、大脳皮質の広範囲な炎症または浮腫が認められた。また、頭蓋内圧の亢進によりテント切痕ヘルニアおよび小脳ヘルニアが存在した。

治療と経過

頭蓋骨の骨融解は広範囲であった。すでに頭蓋内浸潤を示し脳ヘルニアもあることから、非常に厳しい予後が推測された。本症例では外科治療や放射線治療などの積極的な治療は選択せず、対症療法のみを行うことになった。

診断

扁平上皮癌の頭蓋内浸潤

MRI検査にて造影増強された軟部組織の細針吸引生検（FNA）を実施したところ、細胞診による診断は扁平上皮癌であった。本症例では顔面から頭部に発生した扁平上皮癌が頭蓋骨を破壊し、頭蓋内浸潤した症例と診断した。

症例20

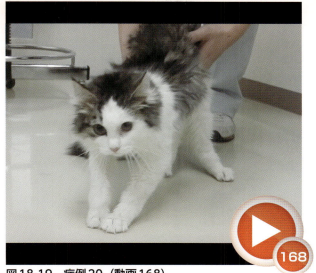

図18-19 症例20（動画168）

シグナルメント

ノルウェージャン・フォレスト・キャット、雌、7カ月齢

主訴

発育不良、歩行時のふらつき

ヒストリー

現病歴	飼育開始した2カ月前に、すでに少し正常ではない行動がみられた。体重の増加があまりなく、食欲はあるが食べにくそうな様子が認められる。約10日前から歩行時のふらつきが目立つ
既往歴	なし
食事歴	市販ドライフード
予防歴	混合ワクチンは4カ月前に接種済み
家族歴	不明
飼育歴（飼育環境）	室内飼育
治療歴	なし

観察および神経学的検査

表18-5 症例20の観察および神経学的検査所見

項目	所見
意識状態	◆ 鈍麻
観察	◆ 執拗な毛繕い行動 ◆ 自力起立および自力歩行困難
脳神経検査	◆ 両側：威嚇まばたき反応の低下
姿勢反応	◆ 右側前後肢：消失 ◆ 左側前後肢：低下
脊髄反射	◆ 異常なし

臨床検査

血液検査 TP（8.2 g/dL）の上昇（アルブミン2.7g/dL、アルブミン/グロブリン比 0.49）

まず考える病態

　本症例は7カ月齢の若齢である。飼育開始した2カ月前からすでに行動の異常と発育不良があり、最近は歩行時のふらつきが目立つようになっている。症状は徐々に悪化しているので、本症例は進行性の経過と判断することができる。2カ月間の経過であることから、急性進行性または慢性進行性のどちらのパターンも考えることができる。

```
◆ 若齢
◆ 症状は徐々に悪化 ⇒ 進行性
◆ 2カ月前からの行動の異常と発育不良
  ⇒ 急性または慢性進行性
```

　若齢動物に好発する病態として、炎症性（感染性含む）、奇形・先天性（遺伝性も含む）、栄養性疾患などを優先的に考えていく。いずれも進行性の病態である可能性がある。通常、栄養性疾患は食事歴（問診）から鑑別が可能であり、本症例では除外された。どの年齢層にも起きる中毒性疾患と外傷性疾患も、問診から除外した。

```
◆ 炎症性疾患（感染性含む）  ┐
◆ 先天性疾患              ├ 進行性
  （奇形性、遺伝性も含む）   ┘
◆ 栄養性疾患  ┐
◆ 中毒性疾患  ├ 問診から除外
◆ 外傷性疾患  ┘
```

観察と神経学的検査による局在診断

　次に観察によって大まかな局在診断を考える。本症例では意識状態は低下しているが、執拗に毛繕いをする様子が観察される。また、起立させても自力でしっかりと立つことができず、ふらついて右側に転倒してしまう。意識状態の低下や異常行動（執拗な毛繕いが異常行動であれば）から、頭蓋内病変が疑われる。神経学的検査では脳神経の異常（両側の威嚇まばたき反応の低下）と姿勢反応の低下が認められ、この所見からも頭蓋内病変の可能性が高いと判断できる。

```
◆ 意識状態の低下
◆ 執拗な毛繕い ⇒ 異常行動？      ┐
◆ 両側の威嚇まばたき反応の低下    ├ 頭蓋内病変？
◆ 姿勢反応の低下                 │
◆ ふらつき                       ┘
```

病変分布から考えられる病態

　頭蓋内病変を疑うが、病変の分布はどうだろうか。本症例では、脳神経の異常を示す威嚇まばたき反応の低下は両側性に認められ、また、四肢の姿勢反応に左右差はあるが、やはり両側性に異常がある。したがって、頭蓋内病変と考えるなら、両側性に多巣性またはびまん性の病変が存在すると判断できる。このように、病変分布も炎症性疾患や先天性疾患の可能性を支持している。

```
◆ 両側性の
  威嚇まばたき反応の低下    （頭蓋内病変であれば）
◆ 両側性の姿勢反応の       両側性の多巣性または
  異常（左右差あり）        びまん性の病変？
```

鑑別診断と必要な追加検査

　これまでの所見より、疑われる病態は炎症性または先天性疾患、局在診断は頭蓋内と考えた。神経症状を引き起こす先天性疾患の可能性がないかを確認するため、X線検査や血液検査を実施する。若齢の猫であることから、炎症性疾患は感染症によるものである可能性がある。したがって、各種感染症に対する抗体価測定や抗原検査を実施する。さらに、これらの病態の鑑別を行うために脳のMRI検査および脳脊髄液検査を検討する。

```
◆ X線検査、血液検査
◆ 猫の感染症に対する抗体価測定、抗原検査
◆ 脳のMRI検査、脳脊髄液検査
```

図18-20　脳のMRI画像

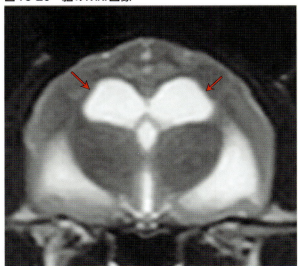

図18-20a　T2強調短軸断像。両側性の側脳室の拡大（➡）と脳溝の消失が認められる。

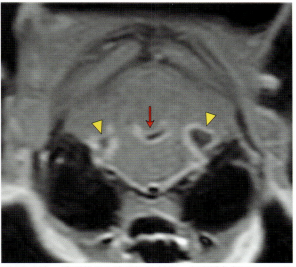

図18-20b　造影後T1強調短軸断像。小脳橋角部において辺縁が増強される領域（▷）と第四脳室周囲炎が認められる。

追加検査所見

　脳のMRI検査では、両側性の側脳室の拡大および脳溝の消失が認められたため、頭蓋内圧の亢進が疑われた（図18-20）。また、小脳橋角部において辺縁がガドリニウムにより明瞭に増強される病変、その周囲の髄膜の増強像、第四脳室周囲炎などが認められた。小脳ヘルニアによって大槽は消失していたので、脳脊髄液検査は実施しなかった。猫コロナウイルス（FCoV）抗体は800倍、PCRによる末梢血の猫伝染性腹膜炎（FIP）ウイルス抗原検査は陽性であった。

診断

水頭症、髄膜炎、脳室周囲炎

　本症例はFIPに続発した水頭症と髄膜炎および脳室周囲炎と診断された。

治療と経過

　本症例に対してはステロイド薬と支持療法による治療が行われたが、残念ながら翌日に状態が急速に悪化し、斃死した。

第3部 注意が必要な疾患

第19章 神経疾患と間違われやすい疾患

本章のテーマ
1. 神経症状を示す神経組織以外の代表的な疾患を押さえる
2. 意識状態の異常を示す非神経疾患の鑑別ポイントを押さえる
3. 歩様の異常を示す非神経疾患の鑑別ポイントを押さえる

神経症状が現れる疾患

　脳、脊髄、末梢神経以外の部位に異常が存在するにもかかわらず、神経学的な異常として症状が現れることは珍しくない。神経疾患以外の疾患を除外しないまま検査を進めると診断や治療を誤った方向に進めてしまう危険性がある。本章では、次の2つの点において神経疾患と間違われやすい疾患に対する診断の進め方を解説する。

① 意識状態の異常
② 歩様の異常

意識状態から神経疾患が疑われる場合

　動物病院を受診する一般的な理由は、「いつもと違う」「何となく元気がない」などの「健常時との違い（意識状態の変化）」である。普段からおとなしい動物では、意識状態の変化は気づかれないこともある。また、吐いて食べないという状態が長期間続けば、活動性の低下や意識状態の変化としてとらえられることもある。これらの症状が、飼い主（または獣医師）によって「意識状態に異常がある」と判断される。

　意識状態は脳幹にある上行性網様体賦活系（ARAS）と大脳のネットワークによって制御されている（**図7-4**→p.89）。そのため、脳幹や大脳の疾患をもつ動物では、意識状態の変化が高率に現れる。しかし、意識状態の変化は中枢神経以外の疾患によっても生じるため、鑑別診断をはじめから神経疾患に絞りすぎないことも大切である。

　ヒト医療では、意識障害の鑑別診断として「**AIUEO TIPS（アイウエオチップス）**」という覚え方がある。これは疾患などの頭文字を連ねた語呂合わせであり、意識障害の鑑別診断を広い視点で行うのに有用である（**表19-1**）。動物には当てはまらない項目もいくつか含まれるが（アルコールや精神疾患）、意識状態の異常が認められる動物の診察を行ううえで参考になる。

3ステップによる診断アプローチ

step 1	問診（動物がいなくてもできる検査）
step 2	観察（動物に触らずに行う検査）
step 3	神経学的検査（動物に触って行う検査）

第19章　神経疾患と間違われやすい疾患

表19-1　意識障害の鑑別診断（AIUEO TIPS）

A	Alcohol	アルコール
I	Insulin	高／低血糖
U	Uremia	尿毒症
E	Encephalopathy Endocrinopathy Electrolytes	脳症（高血糖性、肝性） 内分泌疾患（副腎、甲状腺） 電解質異常（Na、K、Ca、Mg）
O	Oxygen Opiate（Overdose）	低酸素、CO中毒 薬物中毒
T	Trauma Temperature	頭部外傷 低／高体温
I	Infection	感染（中枢神経、敗血症、肺）
P	Psychiatric Porphyria	精神疾患 ポルフィリン症
S	Seizure Stroke、SAH Shock Syncope	けいれん、てんかん 脳血管障害（脳卒中、くも膜下出血） ショック 失神

表19-2　意識状態を評価するための評価基準

意識状態	評価基準
清明（正常）	◆ 意識状態が健常時と変わらない ◆ 活動的で、周囲の環境に敏感
傾眠（沈うつ、鈍麻）	◆ 活動性が低下している状態 ◆ 飼い主の稟告では「元気がない」「いつも寝ている」などと表現される
昏迷	◆ 意識が喪失している状態 ◆ 痛覚刺激を与えたときだけ反応する状態
昏睡	◆ 深い意識喪失の状態 ◆ 痛覚刺激を与えても反応がない状態

問診のポイント

他疾患のアプローチと同様に、現病歴のほかにも既往歴や治療歴などの情報を収集する。**表19-1**からわかる通り、意識障害を示す動物においては、神経疾患と全身性代謝性疾患との鑑別が重要となる。代謝性疾患を疑う際の問診では、次の3つについて確認する。

> ① 症状が発現するタイミング
> 　（安静時、運動時、食後など）
> ② 症状が発現する頻度
> ③ 症状が発現している持続時間

内分泌疾患では、日によって症状が悪化したり良化したりすることがある。また、代謝性疾患では神経症状以外の症状が認められることがあるため、問診でその点を逃さないようにすることが重要である。とくに消化器症状、運動不耐性、飲水量の変化、尿量の変化についての情報を聴取する。飼育歴（飼育環境）、治療歴、外傷歴などは、感染源への曝露頻度、中毒、薬剤による副作用、頭部外傷などを考慮するうえで重要な情報である。

観察および神経学的検査

意識状態は4段階に分けて評価する（**表19-2**）。意識状態が低い場合は、神経学的検査の結果に影響を及ぼす可能性がある（**図19-1**、**動画169**）。瞳孔の異常（瞳孔散大やピンホール状の瞳孔縮小）、脊髄反射の低下や

第3部 注意が必要な疾患

図19-1　意識状態の異常（動画169）
脳腫瘍の症例で、意識状態は傾眠と評価された。

消失、痛覚刺激によっても反応しない場合は、切迫した状態に陥っていることが予想される。意識状態が安定している場合は神経学的検査を行い、病変の局在を評価する。

ミニマムデータベースの作成

　まず意識障害を起こし得る二次的な脳の機能障害を除外することが重要である。基礎疾患として低血糖、尿毒症、肝性脳症、甲状腺機能低下症や副腎皮質機能低下症などの内分泌疾患がないか、血液検査や尿検査によって評価する。したがって、血液検査の評価項目には血中ホルモン濃度、腎機能、血糖値、電解質、カルシウム、アンモニアなどを必ず加える（**表19-3**）。失神など低酸素血症による意識状態の変化が考えられる場合は、循環器系の評価も必要である。

表19-3　意識障害を引き起こすおもな代謝性疾患の血液検査での評価項目

血液検査所見*	おもな代謝性疾患
Glu↓	低血糖：インスリン産生腫瘍、重篤な感染症
BUN↑、Cre↑	尿毒症：重度の腎不全
NH_3↑、TBA↑	肝性脳症：門脈シャント
T_4↓、fT_4↓	甲状腺機能低下症
Na↓、K↑	副腎皮質機能低下症
Ca↓	副甲状腺機能低下症

＊↓：減少、↑：増加、Glu：血糖値、BUN：尿素窒素、Cre：クレアチニン、NH_3：アンモニア、TBA：総胆汁酸、T_4：サイロキシン、fT_4：遊離サイロキシン、Na：ナトリウム、K：カリウム、Ca：カルシウム

歩様から神経疾患が疑われる場合

　神経疾患と間違いやすい疾患として、獣医師を悩ませるもう1つの疾患が整形外科疾患である。飼い主は動物の「歩き方がおかしい」あるいは「どこかを痛がる」という理由で、動物病院を受診することが多い。ヒトでは自覚症状が明らかであるため、これらの鑑別に苦慮することは少ないと思われるが、犬や猫では診察時に症状が明らかにならないこともあり、鑑別に迷うことがある。

シグナルメント

　品種（犬種）、性別、年齢が鑑別診断の一助となる。たとえば若齢の大型犬で歩様異常が認められるとき、まずは整形外科疾患を疑う。一方、中高齢のミニチュア・ダックスフンドが後肢のふらつきを主訴に来院した場合は、神経疾患（椎間板ヘルニア）が第1に疑われるであろう。このように、シグナルメントから疾患のカテゴリーをある程度予測することが可能である。

問診

　次に、「いつから（急性／慢性）、どのように」歩様の異常が認められたかについて聴取する。とくに関節疾患などが認められる場合、起床時に症状が強く認められる傾向がある。また、発症から現在まで症状が進行しているのか、変わらないのか、あるいは改善しているのかを確認する。痛みがある場合、どのような姿勢（**図19-2**、

第19章　神経疾患と間違われやすい疾患

図19-2　頸部痛を示す症例（動画170）
頸部椎間板ヘルニアの症例で、頭を下げて歩いている。頸部痛に加えて、前肢のナックリングが認められる。

図19-3　後肢の運動失調（動画171）
後肢がふらつき、接地する位置が一定になっていないことがわかる。

動画170）で痛がっているのか、痛みの頻度についても聴取する。神経疾患によって生じる痛みは比較的鋭い痛みであり、抱き上げたときに悲鳴をあげたり、飼い主が噛まれたなどの禀告が聴取されることがある。治療歴がある場合は、治療内容と治療に対する反応についても聴取する。

観察および歩様検査

まずは静止状態で四肢にバランスよく負重しているかを確認する。次に動物を歩かせ、麻痺や運動失調などがみられないかを判断する。また、歩幅や負重の左右差などを確認する。神経に障害が認められる場合は、患肢が接地する位置が体軸に対して不定になることが多い（図19-3、動画171）。一方、神経学的に異常が認められない場合は患肢への負重は弱くなるが、接地する位置は一定である傾向がある。

■ 歩様検査

さらに、実際の歩様を観察するため、動物を診察室内で自由に歩かせてみる。院内で確認できない場合は外に連れ出して、歩様を観察する。緊張して動かない動物では、飼い主にリードを引いてもらったほうがよい。症状が軽度の場合は異常が観察されないことがあり、とくに猫では異常が検出されないことがある。このような場合は、歩様を動画で撮影してきてもらうよう事前に飼い主

図19-4　前肢の跛行（動画172）
末梢神経鞘腫の症例で、右側前肢を接地するときに頸部を持ち上げるように歩く。同様の歩様異常は整形外科疾患の症例でも認められる。

に依頼しておくとよい。検査時は先入観をもたずに観察することが重要である。

神経根のみを障害する末梢神経鞘腫や神経根に向かって脱出した椎間板ヘルニアでは、神経学的検査で姿勢反応などに異常が認められない場合があることに留意する。また、前肢に異常が認められる場合、前肢の負担を軽くするために患肢の接地時に頭を持ち上げる点頭運動が認められることがある（図19-4、動画172）。

神経学的検査

神経学的検査は、神経疾患と整形外科疾患を鑑別する

第3部 注意が必要な疾患

うえで最も重要な検査である。姿勢反応や脊髄反射などを確認し、神経の異常の有無を評価する。痛みが強い場合は、姿勢反応などは正確に評価できないことがある。したがって、痛みを伴う部位やその評価はできるだけ最後に行うようにする。神経学的検査によって異常が認められる場合は神経疾患の存在を強く疑い、MRI検査などの精査に進むことになる。

ここで気をつけなければならないのは、「神経学的異常がないからといって、神経疾患を否定することはできない」という点である。頸部椎間板ヘルニア、末梢神経鞘腫、馬尾症候群などがその代表例であり、これらの疾患の初期には痛みのみが認められる場合がある。神経学的検査と同時に触診を行い、筋肉の萎縮、関節の腫れ、関節の可動域の異常がないかを評価する。

X線検査

整形外科疾患が鑑別診断リストに含まれる場合は、必ずX線検査を行う。患肢とあわせて正常肢を撮像し、患肢に骨折や関節の異常がないかを評価する。老齢動物では偶発的に関節の変性性の変化が検出されることがあり、責任病変の判断には注意が必要である。

確定診断

シグナルメント、観察、神経学的検査、X線検査によって神経疾患が強く疑われる場合は、病変の局在診断に基づいてMRI検査などの精密検査を実施し、確定診断を行う。一方、神経学的異常が認められない場合やそれぞれの情報から疑われる病変の局在が一致しない場合は、鑑別診断リストをもう一度整理し、見逃しがないかを再評価する必要がある。

まとめ

神経疾患を疑う動物の診療を行ううえで、「神経疾患以外の疾患を考える」というプロセスはつい忘れがちになる。脳や脊髄の疾患を診断するためには、多くの場合、MRIなどによる麻酔下での検査が必要となる。このため、診断アプローチが誤った方向に進むと、動物に対しては身体的、飼い主に対しては経済的な負担をかける可能性がある。神経症状ばかりに気を取られ、ほかの全身性疾患、循環器疾患、整形外科疾患の評価が後回しにならないよう、常に注意が必要である。

本章のポイント

1. 神経症状を示す神経組織以外の代表的な疾患
   神経症状を示す動物の診療では、代謝性疾患、循環器疾患、整形外科疾患の鑑別が常に重要である
2. 意識状態の異常を示す非神経疾患の鑑別ポイント
   意識状態の異常を示す動物では、問診と血液検査により、まず非神経疾患を除外する
3. 歩様の異常を示す非神経疾患の鑑別ポイント
   歩様の異常を示す動物では、歩様検査と神経学的検査が重要である

症例21

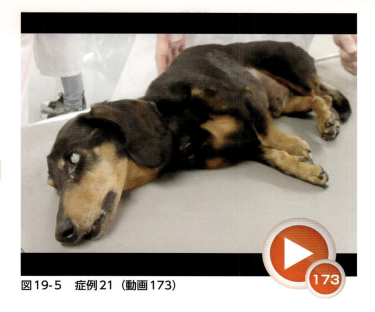

図19-5　症例21（動画173）

シグナルメント

ミニチュア・ダックスフンド、去勢雄、13歳齢、体重4.2 kg

主訴

食欲不振、嘔吐、黒色便、意識状態の低下

ヒストリー

- **現病歴**　3週間前から食欲不振、嘔吐、黒色便が認められた。5日前から意識状態の低下が認められ、来院時には横臥状態であった
- **既往歴**　特発性てんかん、椎間板ヘルニア
- **食事歴**　市販ドライフード
- **予防歴**　混合ワクチンと狂犬病ワクチンは接種済み、フィラリア予防は実施している
- **家族歴**　不明
- **飼育歴（飼育環境）**　室内飼育
- **治療歴**　頭蓋内疾患を疑い、プレドニゾロンを投与したが、効果があまり認められなかった。特発性てんかんに対してフェノバルビタールを投与している

観察および神経学的検査

表19-4　症例21の観察および神経学的検査所見

項目	所見
意識状態	◆ 昏迷
観察	◆ 横臥状態 ◆ 両眼の白内障
脳神経検査	◆ 昏迷のため、実施せず
姿勢反応	◆ 昏迷のため、実施せず
脊髄反射	◆ 異常なし
痛覚	◆ 強い侵害刺激に対しては反応あり

まず考える病態

本症例では、高齢動物に好発する病態、急性進行性に症状を示す可能性のある病態として、代謝性、中毒性、腫瘍性、炎症性疾患を優先的に考える。飼育環境と投薬歴から、中毒性疾患の可能性は低いと考えられる。先に食欲不振や嘔吐などの消化器症状が認められ、その後に神経症状が認められたことがポイントとして挙げられる。

> ◆代謝性疾患
> ◆中毒性疾患
> ◆腫瘍性疾患
> ◆炎症性疾患

観察と神経学的検査による局在診断

本症例は意識状態の重度な低下（昏迷）が認められている。重度の意識障害では、脳幹の上行性網様体賦活系の障害を疑う。しかし、全身性代謝性疾患による二次的な脳障害の可能性も考えておく必要がある。

> ◆ 重度の意識障害
> ⇒ 脳幹の上行性網様体賦活系の障害？
>   全身性代謝性疾患による二次的な脳障害？

鑑別診断と必要な追加検査

代謝異常による二次的な脳の機能障害を鑑別するために血液検査を行う。本症例では電解質の異常（Na：116 mEq/L、K：8.0 mEq/L、Na/K＝14.5）が認められ、副腎皮質機能低下症が疑われた。このため、追加検査としてACTH刺激試験を行う必要がある。

追加検査所見

ACTH刺激試験の結果、血中コルチゾール濃度は、pre：0.2 μg/dL、post：0.3 μg/dLであった。

診断

副腎皮質機能低下症

ヒドロコルチゾンおよびプレドニゾロンの投与、輸液療法により治療を開始したところ、治療後、意識状態は改善し、神経症状は消失した。

症例22

シグナルメント

ウェルシュ・コーギー・ペンブローク、避妊雌、14歳齢、体重10 kg

図19-6　症例22（動画174）

主訴

後肢のふらつき、尿失禁

ヒストリー

現病歴	2週間前から後肢がふらつく。散歩の途中に倒れ、意識を失い尿失禁した
既往歴	血管周皮腫（1年前）
食事歴	市販ドライフード
予防歴	混合ワクチンと狂犬病ワクチンは接種済み、フィラリア予防は実施している
家族歴	不明
飼育歴（飼育環境）	室内飼育（毎日散歩に出る）
治療歴	なし

観察および神経学的検査

表19-5　症例22の観察および神経学的検査所見

項目	所見
意識状態	◆ 清明（正常）
観察	◆ 歩行中に急に意識を失って、倒れる
脳神経検査	◆ 異常なし
姿勢反応	◆ 両後肢：低下
脊髄反射	◆ 異常なし
痛覚	◆ 異常なし

まず考える病態

本症例では散歩中に症状が認められ、発症のタイプは「発作性」に分類される。また、シグナルメントからは高齢であることがわかる。よって、まず疑われる病態は代謝性疾患である。そのほか、てんかんのような発作性疾患の可能性も考える。詳細に問診してみると、散歩の途中から歩くスピードが遅くなっているということが判明した。運動（歩行）中に症状が再発性にみられることをあわせて考えると、循環器疾患である可能性も考えなければならない。

> ◆ 発作性の発症 ┐
> ◆ 高齢   ┘代謝性疾患？
> ◆ 発作性疾患
> ◆ 循環器疾患

観察と神経学的検査による局在診断

院内で歩様を観察すると、しばらく歩くと脱力発作（失神）が認められた。神経学的検査では後肢の姿勢反応の低下が認められたが、シグナルメントからは軽度の椎間板ヘルニアや変性性脊髄症などが疑われ、後肢に関しては偶発所見である可能性が高いと考えられた。

> ◆ 脱力発作（失神）
> ◆ 後肢の姿勢反応の低下 ⇒ 偶発所見？

鑑別診断と必要な追加検査

発作性の症状であることから、全身性代謝性疾患と前脳病変（てんかん）の鑑別が必要になる。また、心機能の評価も必要である。まずは代謝性疾患と循環器疾患の鑑別に必要な検査を実施する。つまり、血液検査、超音波検査（腹部、心臓）、心電図検査などを行う。これらの検査で異常が認められない場合は、てんかんの診断アプローチへと進む。

> ◆ 全身性代謝性疾患と前脳病変の鑑別
> ◆ 血液検査
> ◆ 超音波検査（腹部、心臓）
> ◆ 心電図検査

追加検査所見

血液検査では明らかな異常は検出されず、代謝性疾患は否定的であった。心臓の聴診では心雑音が聴取された。その後、心臓超音波検査を実施したところ、肺動脈弁逆流および三尖弁逆流が認められた。

診断

肺高血圧症による右心不全

肺高血圧症による三尖弁閉鎖不全などに起因する右心不全が疑われた。運動時にみられた意識喪失は循環不全に起因する脳の低酸素症によるものと考えられた。本症例では、心不全と肺高血圧症の治療を開始した。

症例23

シグナルメント

雑種猫、雄、6カ月齢、体重2.4 kg

図19-7　症例23（動画175）

主訴

歩様異常

ヒストリー

現病歴　2週間前から歩様がおかしい。紹介元病院では、腰部の痛みがあると判断された
既往歴　なし
食事歴　市販ドライフードとウェットフード
予防歴　混合ワクチンは接種済み
家族歴　不明
飼育歴（飼育環境）　室内飼育
治療歴　プレドニゾロン 0.5 mg/kg（SID）を7日間投与したが、効果はみられなかった

観察および神経学的検査

表19-6　症例23の観察および神経学的検査所見

項目	所見
意識状態	◆ 清明（正常）
観察	◆ 右側後肢の跛行
脳神経検査	◆ 異常なし
姿勢反応	◆ 右側後肢：低下
脊髄反射	◆ 異常なし
痛覚	◆ 異常なし
その他	◆ 右側後肢の触診時に痛みあり

まず考える病態

若齢猫の神経疾患の鑑別診断として、奇形・先天性、外傷性、感染性疾患が挙げられる。しかし、若齢猫において歩様異常を引き起こす脊髄疾患はまれであることから、神経系以外の疾患も念頭に置きながら検査を進めるべきである。

- ◆ 奇形・先天性疾患
- ◆ 外傷性疾患
- ◆ 感染性疾患
- ◆ 神経系以外の疾患

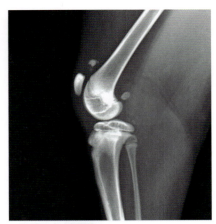

図19-8　後肢のX線画像
右膝蓋骨の骨折および膝関節内のfat padサインが認められた。

観察と神経学的検査による局在診断

歩様を観察すると、右側後肢の負重を嫌がって歩いていることがわかる（動画175）。接地部位は一定である点、単肢のみの異常である点から、脊髄病変による歩行障害の可能性は低い。疼痛がみられるため、外傷や整形外科疾患の可能性が高いと考えられる。本症例では右側後肢の姿勢反応の低下が認められるが、痛みによって正確な検査が行えていない可能性が考えられた。

追加検査所見

後肢のX線検査において、右膝蓋骨の骨折および膝関節内のfat padサインが認められた（図19-8）。

診断

右膝蓋骨の骨折、前十字靱帯の損傷（疑い）

- ◆ 接地部位は一定 ┐ 脊髄病変の可能性は低い？ ┐ 外傷？
- ◆ 単肢のみの異常 ┘　　　　　　　　　　　　　┘ 整形外科疾患？
- ◆ 疼痛あり
- ◆ 右側後肢の姿勢反応の低下 ⇒ 正確な検査所見ではない？

鑑別診断と必要な追加検査

外傷や整形外科疾患が疑われるため、まずはX線検査を実施する。X線検査により異常がみられない場合は、さらに詳細な評価を行うためにCT検査を検討してもよい。外傷や整形外科疾患が否定的であれば、単肢の跛行を起こし得るほかの疾患（先天性疾患や感染性疾患）の評価を行う（実際には非常にまれである）。

第4部
チャレンジしたいやや難しい症例

　臨床現場では、経験だけでも、または理論だけでも診断が難しい症例がある。第4部では、そのようなやや難しい症例を取り上げる。第1部（総論）で解説した診断アプローチの基本原則に立ち戻って、チャレンジしてみてほしい。

第4部 第20章

症例24

図20-1　症例24（動画176）

シグナルメント

チワワ、去勢雄、2歳9カ月齢

主訴

右側捻転斜頸、以前と比べ元気がない

ヒストリー

現病歴	約1カ月前から右側捻転斜頸がみられ、紹介元病院にて診察を受けた。その時点では眼振と右側の顔面神経麻痺が認められていた
既往歴	なし
食事歴	市販ドライフード
予防歴	9種混合ワクチンと狂犬病ワクチンは接種済み、フィラリア予防は毎年実施している
家族歴	不明
飼育歴（飼育環境）	完全室内飼育
治療歴	ステロイド薬の注射と内服により治療したところ、来院当日までに眼振は消失し、捻転斜頸もやや改善した

観察および神経学的検査

表20-1　症例24の観察および神経学的検査所見

項目	所見
意識状態	◆ やや低下
観察	◆ 右側捻転斜頸 ◆ 歩様には異常なし
脳神経検査	◆ 右側捻転斜頸
姿勢反応	◆ 四肢で低下 　（右側でより重度）
脊髄反射	◆ 異常なし
その他	◆ 異常なし

まず考える病態

本症例は2歳9カ月齢と、比較的若齢の症例であり、症状は捻転斜頸と元気の低下である。これらの症状は約1カ月前から始まっている。すでにステロイド薬により治療されており、現在は症状が少し改善している。しかし、この改善がステロイド治療によるものか、自然回復なのかは不明である。また、治療しなかった場合の自然経過もわからない。本症例では、比較的若齢であること、捻転斜頸が症状の主体であること、症状が回復していることがポイントである。

- ◆ 比較的若齢
- ◆ 捻転斜頸
- ◆ ステロイド治療後に症状が回復

若齢動物に好発する病態として、おもに奇形・先天性、炎症性（感染性）、栄養性疾患の3つが考えられる。このうち、栄養性疾患は食事歴から除外した。外傷性疾患や中毒性疾患はどの年齢層にも発生するが、本症例には外傷歴はなく、また、投薬歴や飼育環境から、中毒性疾患である可能性は低いと判断した。

- ◆ 奇形・先天性疾患
- ◆ 炎症性疾患（感染性疾患）
- ◆ 栄養性疾患 ┐
- ◆ 中毒性疾患 ├ 問診から除外
- ◆ 外傷性疾患 ┘

本症例はステロイド薬の投与歴があり、投与後には症状の改善がみられている。もしも症状の改善がステロイド薬による治療効果である場合は、ステロイド薬の抗炎症効果や抗浮腫効果によるものと推測することができる。

観察と神経学的検査による局在診断

観察からは明らかな右側捻転斜頸があり、本症例は前庭疾患であることが疑われる。したがって、中枢性と末梢性前庭疾患の鑑別が重要となる。意識状態はやや低下しており、周囲への反応性も悪いことがわかる。また、歩行は可能だが、姿勢は右側へ側弯している。さらに、神経学的検査において、左側前肢および右側前後肢の姿勢反応の低下が認められた。

これらの検査結果は中枢前庭系（脳幹の前庭神経核）の異常を示唆している。中枢性前庭疾患において、症状は病変と同側に現れるため、右側脳幹の異常が最も強く疑われる。小脳も中枢前庭系の一部であるが、小脳病変では病変の反対側への捻転斜頸、病変側の前後肢の測尺障害など、症状は独特なパターンで現れる。このため、本症例には当てはまらない（詳しくは第7章→p.89参照）。

- ◆ 明らかな右側捻転斜頸 ⇒ 前庭疾患？
- ◆ 意識状態はやや低下 ┐
- ◆ 姿勢は右側へ側弯 ├ 中枢性前庭疾患？
- ◆ 左側前肢・右側前後肢の姿勢反応の低下 ┘

病変分布から考えられる病態

前庭障害、意識状態の変化（低下）、姿勢反応の異常は中枢性前庭疾患でみられる症状であり、本症例では脳幹の限局性病変と考えるのが最もシンプルである。1カ月前には右側の顔面神経麻痺があったとのヒストリーも、脳幹病変として矛盾しない。脳幹の限局性病変が四肢の姿勢反応の低下を引き起こしているならば、病変は右側脳幹に存在していると予想できる。若齢動物における限局性病変の鑑別に重要なのは、奇形・先天性疾患である。これらの疾患が遺伝性であることもある。

- ◆ 奇形・先天性疾患

鑑別診断と必要な追加検査

中枢性前庭疾患が疑われるため、最終的には頭部の断層診断や髄液検査が必要になると考えられる。まずは一般的なスクリーニング検査として、頭頸部のX線検査や血液検査を実施する。

図20-2 脳のMRI画像
脳幹（右側寄りの延髄）に高信号の病変（▷）が存在する。

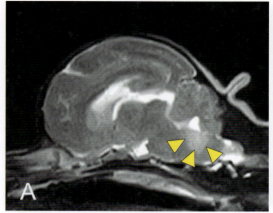
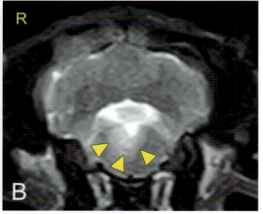

図20-2a T2強調傍矢状断像。　　図20-2b T2強調横断像。

追加検査所見

　血液検査、胸腹部X線検査において、特筆すべき異常は検出されなかった。脳のMRI検査では、脳幹（延髄）にT2強調画像とFLAIR画像で周囲の正常な脳幹よりも高信号の領域が認められた（図20-2）。造影検査では、この領域に造影効果はみられなかった。大槽より採取した脳脊髄液の有核細胞数は10個/μL（基準範囲＜5個/μL）と、軽度に増加していた。また、脳脊髄液の細菌培養検査の結果は陰性であった。

診断、治療および経過

非感染性脳炎

　非感染性脳炎（とくに肉芽腫性脳炎）が疑われたため、ステロイド薬による治療を継続し、現在も経過観察中である。

症例25

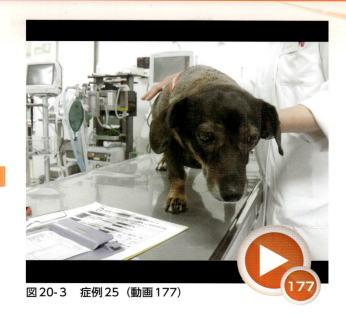

図20-3 症例25（動画177）

シグナルメント
雑種犬、雌、14歳2カ月齢

主訴
頸部痛

ヒストリー

現病歴	7カ月前から間欠的に頸部痛が認められ、5カ月前から重度になっている
既往歴	なし
食事歴	市販ドライフード
予防歴	混合ワクチンと狂犬病ワクチンは接種済み、フィラリア予防は毎年実施している
家族歴	不明
飼育歴（飼育環境）	室内飼育、屋外への散歩
治療歴	ステロイド薬の投与により症状は顕著に改善するが、休薬すると翌日には重度の頸部痛が認められる

観察および神経学的検査

表20-2 症例25の観察および神経学的検査所見

項目	所見
意識状態	◆ 清明（正常）
観察	◆ 異常なし（頸部の動きは良好） ◆ 歩様異常なし
脳神経検査	◆ 異常なし
姿勢反応	◆ 異常なし
脊髄反射	◆ 異常なし
その他	◆ 頸部圧痛あり

臨床検査

血液検査 ALP（2,989 IU/L）、総コレステロール（458 mg/dL）の上昇が認められた

まず考える病態

　本症例は14歳2カ月齢と高齢である。間欠的な頸部痛が約7カ月前から発症しており、5カ月前から悪化している。また、ステロイド薬の投与により症状が顕著に良化している。これらのことから、本症例では高齢であること、症状は進行していること、症状はステロイド薬により良化することがポイントとして挙げられる。

　症例の年齢は、疑われる病態を推測するうえで常に重要である。高齢の動物に好発する病態には、変性性、代謝性、腫瘍性、血管性疾患の4つがある。中毒性および外傷性疾患はどの年齢層にも発症するが、これらは通常、問診から除外する（もしくは疑う）ことができる。

- ◆ 変性性疾患
- ◆ 代謝性疾患
- ◆ 腫瘍性疾患
- ◆ 血管性疾患
- ◆ 中毒性疾患 ┐ 問診から除外
- ◆ 外傷性疾患 ┘

　次に、症状の進行性を考え、疑われる病態をさらに絞っていく。本症例では7カ月前から発症し、5カ月前から進行していると解釈できる。したがって、慢性進行性の病態と考える。通常、血管性疾患は甚急性非進行性、代謝性疾患は典型的には発作性の症状（悪化したり良化したりを繰り返す）であるため、本症例の進行性とは合致しない。腫瘍性疾患は急性または慢性進行性、変性性疾患は慢性進行性の病態であるため、これらは優先的に考えるべき病態である。また、炎症性（感染性）疾患は典型的には比較的若齢の動物に好発し、短期間で進行する病態であるが、高齢犬にも発生することがあり、慢性的な進行性を示すこともあるため、鑑別診断リストに加えておく必要があるだろう。

- ◆ 腫瘍性疾患：急性または慢性進行性
- ◆ 変性性疾患：慢性進行性
- ◆ 代謝性疾患：典型的には発作性
- ◆ 血管性疾患：甚急性非進行性
- ◆ 炎症性（感染性）疾患

　痛みを伴う可能性がある病態としては、腫瘍性、炎症性（感染性）、外傷性疾患の3つ（NIT）が考えられる。さらにこれら以外では、椎間板疾患などの脊髄圧迫性病変も考慮する必要がある。椎間板ヘルニアは椎間板の変性に起因するが、脊髄に圧迫や挫傷を起こすため、本質的には外傷性疾患と類似する病態と考えられる。

- ◆ 痛みを伴う可能性がある病態
  - ◆ 腫瘍性疾患
  - ◆ 炎症性／感染性疾患
  - ◆ 外傷性疾患
- ◆ 脊髄圧迫性病変

　本症例ではステロイド薬による良化が認められたが、これはステロイド薬による抗炎症効果または抗浮腫効果によるものと推測される。例外として、リンパ腫などの腫瘍性疾患ではステロイド薬の投与による病変の縮小が認められることがあり、それにより症状が改善することがある。本症例の進行性から推測された変性性疾患は、一般的には痛みを伴わずステロイド薬には反応しないため、除外される。

観察と神経学的検査による局在診断

　本症例は観察および神経学的検査において特異的な所見は認められないため、これらを用いて局在診断を行うことは困難である。しかし、頸部痛が認められることから、頸部領域の病変が疑われる。頸髄の病変であれば、C1-5もしくはC6-T2脊髄分節の病変が疑われる（第12・13章→p.135〜155参照）。

- ◆ 頸部痛あり ⇒ 頸部領域の病変？
  - 頸髄の病変：C1-5 またはC6-T2の病変？

病変分布から考えられる病態

　病変の分布を考えることにより、病態のヒントを得ることができる。本症例では頸部領域の病変（C1-5もしくはC6-T2脊髄分節を含む）が疑われるが、ここまでの検査では病態分布の判断は困難である。

図20-4　頸部のMRI画像
明瞭に増強される病変（▷）が認められ、髄膜の一部も増強されている。

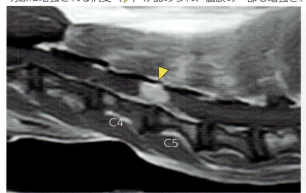

図20-4a　造影後T1強調矢状断像。

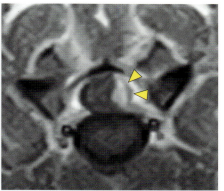

図20-4b　造影後T1強調横断像。

鑑別診断と必要な追加検査

　最も強く疑われる病態は腫瘍性疾患であり、鑑別診断としては椎間板ヘルニア（外傷性）と炎症性疾患が挙げられる。髄膜炎や髄膜脊髄炎でも急性または慢性進行性の疼痛を生じる可能性があるが、これらの疾患は若齢での発症が典型的であるため、本症例では可能性は低いと考えられる。

　本症例の鑑別のために必要と考えられる検査は、X線検査、CT検査あるいはMRI検査による断層診断、脳脊髄液検査である。腫瘍性疾患が強く疑われるため、造影検査も必要になるだろう。

追加検査所見

　頸部X線検査では明らかな異常は認められなかった。頸髄のMRI検査の結果、C4-5領域の頸髄左側に、正常な脊髄に比べてT2強調画像で軽度高信号、FLAIR画像で高信号、T1強調画像で低信号を示す病変が認められた。同部位はガドリニウムによる造影検査にて明瞭に増強されていた（図20-4）。これらの画像所見からは腫瘍性病変、とくに髄膜腫が疑われた。

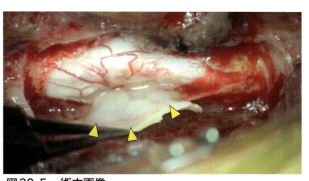

図20-5　術中画像
硬膜切開後。肥厚した硬膜の内部に軟膜とは境界明瞭な病変（▷）があり、脊髄の圧迫を起こしていた。病変は硬膜ごと切除された。

診断

髄膜腫（疑い）

治療と経過

　頸部髄膜腫が疑われたため、外科手術の適応と判断し、腫瘍摘出手術（図20-5）を実施した。病理組織学的診断は髄膜腫であった。術後は一時的に病変側の不全麻痺が認められたが、その後は改善し、頸部痛も消失した。

症例26

図20-6　症例26（動画178）

シグナルメント

チワワ、雄、4歳5カ月齢

主訴

発作性にどこかを痛がる

ヒストリー

現病歴	4カ月くらい前から階段の昇降が辛そうになった。2週間前、首輪を外そうとした際に痛そうに鳴いた。その後もほぼ毎日、突発的に痛そうに鳴く
既往歴	なし
食事歴	市販ドライフード
予防歴	混合ワクチンと狂犬病ワクチンは接種済み、フィラリア予防は毎年実施している
家族歴	不明
飼育歴（飼育環境）	完全室内飼育
治療歴	ステロイド薬の投与により2～3日間は症状が軽減する

観察および神経学的検査

表20-3　症例26の観察および神経学的検査所見

項目	所見
意識状態	◆ 清明（正常）
観察	◆ 異常なし
脳神経検査	◆ 異常なし
姿勢反応	◆ 四肢で低下
脊髄反射	◆ 異常なし

臨床検査

血液検査　ALP（426 IU/L）、GPT（546 mg/dL）、トリグリセリド（174 mg/dL）の上昇が認められた

まず考える病態

本症例は4歳5カ月齢と、比較的若齢である。階段の昇降を嫌がるようになったという症状は約4カ月前から出現しており、その後に発作性の痛みが認められている。発作性の痛みが出現する頻度は増しており、来院時にはほぼ毎日、症状が現れていた。また、ステロイド薬の投与により症状は2～3日間軽減するようである。これらが本症例のポイントとなる。

- ◆ 比較的若齢
- ◆ 4カ月前よりも症状は進行している
- ◆ 現在（来院時）は発作性の痛みが症状の主体
- ◆ ステロイド薬に反応あり

若齢動物に好発する病態として、おもに奇形・先天性、炎症性（感染性）、栄養性疾患の3つが考えられる（第2章→p.11参照）。このうち、栄養性疾患は食事歴から除外された。外傷性疾患や中毒性疾患は、どの年齢層にも発症する。外傷性疾患は外傷歴や外傷跡の有無、中毒性疾患は投薬歴や飼育環境から、ある程度判断することができる。本症例ではいずれも該当する事項は認められなかった。

- ◆ 奇形・先天性疾患
- ◆ 炎症性疾患（感染性疾患）
- ◆ 栄養性疾患
- ◆ 外傷性疾患　問診から除外
- ◆ 中毒性疾患

炎症性疾患（感染性疾患も含む）は通常は急性進行性であるため、本症例の経過を考慮すると可能性は高くないが、除外はできない。また、奇形性および遺伝性疾患は若齢で進行性の症状を示す可能性がある。奇形性疾患の症状は進行性、非進行性、発作性など多様で、痛みを伴う場合も伴わない場合もある。さらに、ステロイド薬への反応性も多様である。したがって、本症例では、炎症性疾患と奇形性疾患を優先的に考えてよいだろう。

観察と神経学的検査による局在診断

観察は病変の大まかな局在を知るために行うが、本症例では観察上、また、歩様にも明らかな異常は認められない。一方、姿勢反応は四肢において低下していた。姿勢反応検査は、歩様検査では検出することができないごく軽度の異常を検出することができる、感度の高い検査である（第5章→p.38～参照）。ただし、姿勢反応検査は、病変の局在診断にはあまり有用ではない。

本症例のように四肢の姿勢反応に異常がみられる場合、脳幹、頸髄、頭側胸髄、四肢の末梢神経、神経筋接合部、またはこれらの病変の組み合わせを考えなければならない。また、観察からは症状に顕著な左右差はなく、神経学的検査においても四肢の姿勢反応の低下があることから、障害は左右に同程度に認められていると判断することができる。

- ◆ 観察上、明らかな異常なし
- ◆ 姿勢反応は四肢で低下
  ⇒ 病変は脳幹、頸髄、頭側胸髄、四肢の末梢神経、神経筋接合部？（または組み合わせ）
- ◆ 症状に顕著な左右差なし

病変分布から考えられる病態

本症例では痛みという非特異的な症状があり、観察や神経学的検査によって病変の局在を絞ることができない。このような症例では病態の推測が簡単ではないため、まず最もシンプルなシナリオから考えていくとよいだろう。

たとえば、脊髄反射の異常（低下または消失）を伴わない四肢の姿勢反応の低下が限局性病変で生じているとすれば、病変は脳幹または頸髄（C1-5）のいずれかに存在すると考えることができる。脳幹の病変では、いわゆる脳幹症状と呼ばれるさまざまな他症状を併発していることが多い（第9章→p.107参照）ため、本症例には当てはまらない。したがって、頸髄病変の可能性が高くなる。

- ◆ 限局性病変による四肢の姿勢反応の低下
  （脊髄反射の異常なし）？
  ⇒ 病変は脳幹または頸髄（C1-5）のどこか
  ⇒ 脳幹病変であれば他症状を併発する
  ⇒ 本症例は頸髄病変の可能性が高い？

若齢動物の限局性病変における鑑別に重要なのは、奇形性疾患と外傷性疾患である（**表5-7**→p.43参照）。症状の経過を加味すると、炎症性疾患も鑑別診断として重要である。

- ◆ 奇形性疾患
- ◆ 外傷性疾患
- ◆ 炎症性疾患

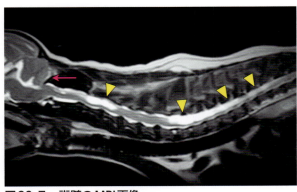

図20-7　脊髄のMRI画像
T2強調矢状断像。頸髄と胸髄に空洞性病変（▷）が存在する。尾側小脳の一部は吻側に圧迫されている（➡）。尾側後頭骨奇形症候群による脊髄空洞症と診断された。

鑑別診断と必要な追加検査

まずは頸部領域の精査が必要である。X線検査、CT検査またはMRI検査、脳脊髄液検査などが重要な検査である。

追加検査所見

頸部のX線検査では、異常は検出されなかった。次に行った頸髄のMRI検査では、T2強調画像で高信号（**図20-7**）、FLAIR画像で無信号の病変が頸髄と胸髄の広範囲に認められたことから、脊髄空洞症と診断した。

診断

脊髄空洞症

脊髄空洞症の原因として、尾側後頭骨の異常（尾側後頭骨奇形症候群：COMS）がある。本症例においても、尾側小脳は吻側にやや圧迫されていることから、COMSによる脊髄空洞症と考えられた。

治療および経過

COMSによる脊髄空洞症が疑われたため、大後頭孔減圧術を実施した。術後2週間の時点では再発性の痛みはほぼ完全に消失し、その後の再発も認められなくなった。

症例27

シグナルment

チワワ、雌、5カ月齢

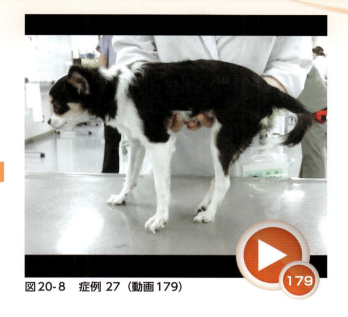

図20-8　症例27（動画179）

主訴

後肢の進行性のふらつき

ヒストリー

現病歴	1カ月前から徐々に後肢がもつれ始めた。現在はほとんど自力で起立歩行ができない
既往歴	なし
食事歴	市販ドライフード
予防歴	混合ワクチンと狂犬病ワクチンは接種済み、フィラリア予防は実施している
家族歴	不明
飼育歴（飼育環境）	室内飼育
治療歴	なし

観察および神経学的検査

表20-4　症例27の観察および神経学的検査所見

項目	所見
意識状態	◆ 清明（正常）
観察	◆ 犬座姿勢 ◆ 動かない（動きたがらない） ◆ 後肢の起立および歩行不能 ◆ 両後肢の筋萎縮
脳神経検査	◆ 異常なし
姿勢反応	◆ 両後肢で消失
脊髄反射	◆ 異常なし
その他	◆ 背部圧痛あり

臨床検査

血液検査　特筆すべき異常なし

まず考える病態

本症例は5カ月齢と、若齢の症例である。症状は両後肢の進行性のふらつきであり、1カ月間に自力での起立や歩行が不可能になるまで悪化している。つまり、症状は進行性である。また、病態を推測する際にはまず年齢から考える。本症例では若齢の動物に好発する奇形・先天性、炎症性（感染性）、栄養性疾患を優先的に考える。このうち、栄養性疾患は食事歴から除外することが可能である。年齢と関係なく発生する病態、たとえば外傷性疾患や中毒性疾患は常に鑑別診断に含まれる。しかし、外傷性疾患は外傷歴や外傷跡の有無、中毒性疾患は投薬歴や飼育環境からある程度の判断が可能である。本症例では、いずれも該当する事項はみられなかった。

- ◆ 奇形・先天性疾患
- ◆ 炎症性疾患（感染性疾患）
- ◆ 栄養性疾患 ┐
- ◆ 外傷性疾患 ├ 問診から除外
- ◆ 中毒性疾患 ┘

症状の進行性も病態の推測に重要である。本症例で認められているような急性進行性の病態の代表は、炎症性および腫瘍性疾患である。一般的に腫瘍性疾患は中〜高齢において好発するため、本症例では可能性は高くないと判断できる。また、奇形・先天性疾患の症状は進行性、非進行性、発作性など多様である。痛みを伴う場合も伴わない場合もあり、ステロイド薬への反応性も多様である。したがって、本症例では炎症性疾患（感染性疾患も含む）と奇形・先天性疾患を優先的に考えていく。

- ◆ 急性進行性 ⇒ ◆ 腫瘍性疾患：中〜高齢で好発
- ◆ 奇形・先天性疾患 ◆ 炎症性疾患

観察と神経学的検査による局在診断

観察では意識状態や反応性に明らかな異常はなく、脳神経の異常が認められないため、脳疾患の可能性は低いと考えることができる。両後肢の不全麻痺がみられるが、両前肢の随意運動は認められる。また、犬座姿勢をとっていることから、症状は両後肢に限局していると考えられる。さらに、神経学的検査で両後肢の姿勢反応が消失していることも、症状が両後肢に限局していることを示唆する。両後肢の脊髄反射に異常は認められない（反射の低下や消失は認められない）ため、T3-L3脊髄分節の病変が疑われる。

- ◆ 意識状態は清明（正常） ┐ 脳疾患の可能性
- ◆ 脳神経の異常なし   ┘ は低い？
- ◆ 両後肢の不全麻痺   ┐
- ◆ 両前肢の随意運動あり   │ 症状は両後肢
- ◆ 犬座姿勢   │ に限局？
- ◆ 両後肢の姿勢反応は消失   ┘
- ◆ 両後肢の脊髄反射に異常なし
  ⇒ 病変の存在はT3-L3？

背部の圧痛は、病変の局在を絞るうえで有用な情報である。本症例では、起立させても運動を嫌う様子があり、これも痛みを伴う病態であることを疑う根拠になる。痛みを伴う可能性がある病態は、NIT（腫瘍性、炎症性／感染性、外傷性疾患）が考えられる。ただし、（症例25でも解説したが）椎間板ヘルニアなどは椎間板の変性に起因するが、神経症状は脊髄の圧迫によって生じるため、本質的には外傷性疾患と類似した病態を呈することに注意が必要である。

本症例の両後肢の筋萎縮は一定期間の不全麻痺が存在していることを意味し、廃用性萎縮と解釈することができる。

- ◆ 背部の圧痛   ┐ 痛みを ⇒ NIT？
- ◆ 運動を嫌う様子 ┘ 伴う病態   脊髄の圧迫？
- ◆ 両後肢の筋萎縮 ⇒ 廃用性萎縮

病変分布から考えられる病態

病変の分布は限局性、多巣性、びまん性に分けて考える。本症例では脳神経と両前肢の神経学的検査、両後肢の脊髄反射に異常所見はなく、両後肢の姿勢反応の異常を呈しているため、T3-L3脊髄分節における限局性病変と考えることができる。

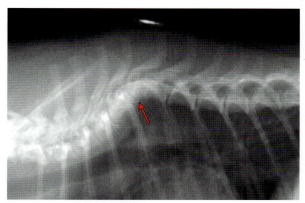

図20-9　胸椎のX線画像
第5胸椎の形態異常（➡）とそれに伴う胸椎の背弯が認められる。第5胸椎の椎体はくさび形の形状をしており、そのために胸椎が背弯を示している。

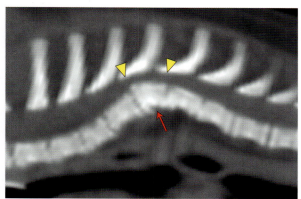

図20-10　胸椎のCT画像
MPR矢状断像。CT画像では第5胸椎の形態異常（➡）と脊柱管の狭窄（▷）、脊髄の圧迫が疑われる。

　ただし、多巣性またはびまん性の病変でも、T3-L3脊髄分節が含まれる病変であれば、同じような検査所見を示す。たとえば、炎症性疾患の多くは多巣性またはびまん性の病変を形成するが、T3-L3脊髄分節内の病変であれば同様な検査結果となる。したがって、本症例では奇形性疾患と炎症性疾患を除外することができず、鑑別診断としていずれも重要である。

- ◆ 奇形性疾患
- ◆ 炎症性疾患（感染性疾患）

鑑別診断と必要な追加検査

　ここまでで最も疑われる病態は、奇形性疾患と炎症性疾患である。奇形性疾患が疑われる場合には、X線検査やCT検査またはMRI検査による断層診断が必要になることが多い。また、炎症性疾患に対する検査としては、MRI検査や脳脊髄液検査が重要である。

追加検査所見

　脊椎のX線検査は、椎骨の形態（奇形、骨増殖、骨破壊）や整列（脱臼、亜脱臼）の異常を評価するのに重要な検査である。本症例の胸椎X線検査では、胸椎の背弯が認められた（図20-9）。胸椎の背弯に伴う脊髄の圧迫が疑われるため、この部位の断層診断が必要である。本症例は背弯部のすぐ近くにマイクロチップがあったため、MRI検査ではなくCT検査を実施した。CT検査では、第5胸椎の形態異常と脊柱管の狭窄が認められ、この部位の脊髄が圧迫を受けていると考えられた（図20-10）。

診断

第5胸椎の奇形、脊椎背弯症

　本症例は若齢であるため、第5胸椎の奇形による脊椎背弯症および脊髄圧迫と診断された。

治療および経過

　両後肢の運動失調と不全麻痺は急性に悪化していたため、外科的治療が必要と判断し、脊髄の減圧術と脊椎の固定術を実施した。本症例はその後、両後肢の運動機能が回復し、自力での起立と歩行が可能となった。

症例28

図20-11　症例28（動画180）

シグナルメント
アメリカン・ショートヘアー、雌、10歳1カ月齢

主訴
右側捻転斜頸、歩行時のふらつき

ヒストリー

現病歴	1週間前に急にふらつくようになり、その後、振戦、眼振、捻転斜頸を示す
既往歴	なし
食事歴	市販ドライフード
予防歴	混合ワクチンは5年前に接種した
家族歴	不明
飼育歴（飼育環境）	室内飼育、ほか3頭の猫と同居
治療歴	なし

観察および神経学的検査

表20-5　症例28の観察および神経学的検査所見

項目	所見
意識状態	◆ 清明（正常）
観察	◆ 右側捻転斜頸 ◆ 歩行時の軽度な後肢のふらつき ◆ 両後肢の開大
脳神経検査	◆ 右側捻転斜頸
姿勢反応	◆ 異常なし
脊髄反射	◆ 異常なし

臨床検査

血液検査　異常なし
胸・腹部X線検査　異常なし

まず考える病態

まずはstep 1の情報（シグナルメント、主訴、ヒストリー）から疑われる病態を考える。本症例では、高齢であること、1週間前から発症し徐々に進行していること、ふらつき、眼振、捻転斜頸など前庭疾患の特徴的な症状がみられていることが重要な情報である。

- ◆ 高齢
- ◆ 1週間前に発症、徐々に進行
- ◆ ふらつき、眼振、捻転斜頸 ⇒ 前庭疾患？

さらに、症例の年齢は病態を推測するうえで常に重要である。高齢の動物に好発する病態には、変性性、代謝性、腫瘍性、血管性疾患の4つがある。中毒性や外傷性疾患はどの年齢層にも発症するが、これらは通常、問診から除外する（もしくは疑う）ことができる。

- ◆ 変性性疾患
- ◆ 代謝性疾患
- ◆ 腫瘍性疾患
- ◆ 血管性疾患

次に症状の進行性により、疑われる病態をさらに絞っていく。本症例では症状の発現は1週間前に始まり、その後、比較的急性に進行していると解釈できる。したがって、急性進行性の病態と考えることができる。

通常、血管性疾患は甚急性非進行性、変性性疾患は慢性進行性の病態であるため、本症例の進行性とは合致しない。代謝性疾患は典型的には発作性（悪化したり良化したりを繰り返す）の症状、腫瘍性疾患は急性進行性の病態であるため、これらは優先的に考える病態である。典型的には比較的やや若齢の動物に好発するが、本症例が進行性であることから、炎症性（感染性）疾患も鑑別診断に加えておきたい。

- ◆ 血管性疾患：甚急性非進行性 ┐ 本症例と
- ◆ 変性性疾患：慢性進行性 ┘ 合致せず
- ◆ 代謝性疾患：典型的には発作性
- ◆ 腫瘍性疾患：急性進行性
- ◆ 炎症性（感染性）疾患

観察と神経学的検査による局在診断

観察からは、右側捻転斜頸があり、歩行は可能だがややふらつきが認められる。また、両後肢は開大して起立していることが多く、このことから平衡感覚の異常が疑われる。意識状態は清明であり、周囲への反応性にも明らかな異常はないと思われる。神経学的検査においては、捻転斜頸以外の脳神経の異常は認められなかった。また、姿勢反応や脊髄反射にも異常は検出されていない。ここまでの検査結果から、本症例では前庭疾患が疑われる。

- ◆ 右側捻転斜頸
- ◆ ふらつき ┐
- ◆ 両後肢の開大 ┘ 平衡感覚の異常？ ┐
- ◆ 意識状態は清明 ┐ ├ 前庭疾患？
- ◆ 捻転斜頸以外の脳神経の異常なし ┘ ┘

前庭疾患の病変の局在は、「中枢性」と「末梢性」に分けて考える。本症例では意識状態、ほかの脳神経の異常、脊髄反射や姿勢反応などの異常がみられないことから、末梢性の前庭疾患が疑われる。捻転斜頸は右側であったため、病変の局在は右側の末梢前庭系（内耳の膜迷路および前庭神経）と考えることができる。

- ◆ 意識状態は清明 ┐
- ◆ 捻転斜頸以外の脳神経の異常なし ┘ 末梢性の前庭疾患？
- ◆ 右側捻転斜頸
  ⇒ 病変の局在は右側の末梢前庭系？

病変分布から考えられる病態

病変の分布を考えることにより、病態のヒントを得ることができる。本症例では病変は右側の末梢前庭系に存在する限局性病変と考えられる。優先的に考えるべき病態として、腫瘍性および代謝性疾患を挙げたが、このうち限局性病変を形成する可能性が高いのは腫瘍性疾患である。炎症性病変は多巣性またはびまん性の分布パター

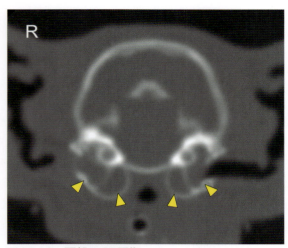

図20-12　頭部のCT画像
両側の中耳には充実性病変（▷）が存在する。

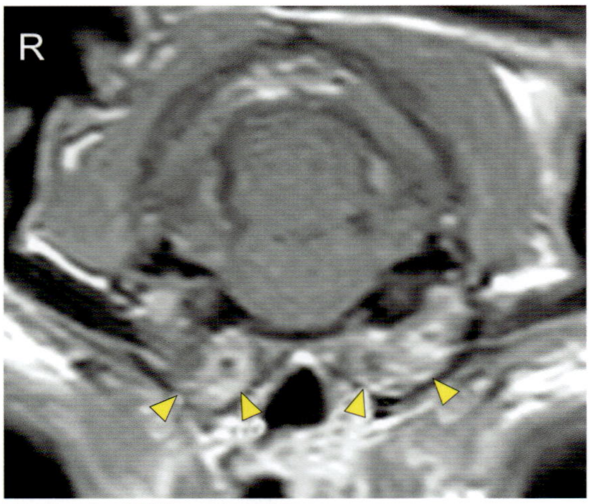

図20-13　頭部のMRI画像
造影後T1強調横断像。両側の中耳には造影効果を有する充実性病変（▷）が認められる。

ンを呈することが多いが、限局性であることもある。

> 右側末梢前庭系の限局性病変
> ⇒ ◆ 腫瘍性疾患
>   ◆ 代謝性疾患

鑑別診断と必要な追加検査

　末梢前庭系の異常による前庭疾患が疑われるため、最終的には内耳や前庭神経の精査のために断層診断が必要となることが多いが、まずは外耳や中耳の評価を行う。外耳は耳鏡により評価することができ、中耳は鼓膜を通して耳鏡により、またはX線検査によりある程度の評価が可能である。

追加検査所見

　まずは両耳の耳鏡検査を実施した。右側外耳には異常はみられなかったが、鼓膜の肥厚が認められた。左側の外耳と鼓膜も観察したが、左側にも同様の所見が得られた。頭部のX線検査においては、鼓室胞領域の異常は検出されなかった。
　続いて中耳、内耳、および前庭神経の精査を目的に頭部のCT検査およびMRI検査を実施した。CT検査では両側の中耳に充実性病変が認められた（図20-12）が、鼓室胞壁の破壊や増殖などの異常はみられなかった。MRI検査では両側の中耳に造影効果を有する充実性病変が観察された（図20-13）。再度耳鏡を用い、右側の鼓膜穿刺により貯留液を採取し、細胞診と細菌培養検査を実施した。細胞診では多数の変性好中球がみられたが、細菌培養検査は陰性であった。

仮診断、治療および経過

　細菌培養検査では病原体は検出されなかったが、本症例に対しては、感染性中耳炎として抗菌薬による治療を開始した。1カ月後の再検査において右側中耳の状態に変化はなかったため、鼓膜穿刺を再度実施した。

診断

リンパ腫

　右側中耳から採取された材料の細胞診により、リンパ腫と診断された。化学療法を開始したところ、前庭疾患による症状は改善した。

症例29

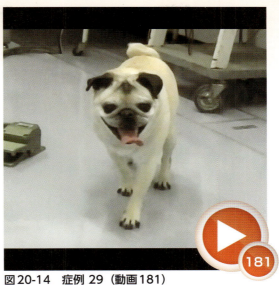

図20-14 症例29（動画181）

シグナルメント

パグ、避妊雌、10歳1カ月齢

主訴

左側後肢のナックリング、その後の両後肢のふらつき

ヒストリー

現病歴 2カ月くらい前から後肢のふらつきが目立つ。徐々に症状は悪化しており、腰部が横に倒れる頻度が高くなってきた

既往歴 なし

食事歴 市販ドライフード

予防歴 狂犬病ワクチンは接種済み、フィラリア予防は毎年実施している。数年間、混合ワクチンは接種していない

家族歴 不明

飼育歴（飼育環境） 室内飼育

治療歴 ステロイド薬を投与したが、あまり変化がない

観察および神経学的検査

表20-6 症例29の観察および神経学的検査所見

項目	所見
意識状態	◆ 清明（正常）
観察	◆ 両後肢の運動失調と不全麻痺
脳神経検査	◆ 異常なし
姿勢反応	◆ 右側後肢：低下 ◆ 左側後肢：消失
脊髄反射	◆ 両後肢：軽度亢進

臨床検査

血液検査 ALPの上昇（177 IU/L）

まず考える病態

本症例は10歳1カ月齢と、高齢である。2カ月くらい前から後肢のふらつきが目立つようになり、徐々に症状は悪化している。ステロイド薬により治療されているが、あまり効果はないようである。まず、高齢の動物に好発する病態である変性性、代謝性、腫瘍性、血管性疾患を考える。どの年齢層にも発生する中毒性疾患や外傷性疾患は問診やヒストリーから考えることができるが、本症例ではこれらは除外された。

- ◆ 変性性疾患
- ◆ 代謝性疾患
- ◆ 腫瘍性疾患
- ◆ 血管性疾患
- ◆ 中毒性疾患 ｝ 問診から除外
- ◆ 外傷性疾患

次に、症状の進行性を考え、疑われる病態をさらに絞っていく。本症例では症状が2カ月前から発症し、徐々に進行しているため、慢性進行性の病態であると考えることができる。したがって、本症例では高齢動物における慢性進行性の病態として、腫瘍性疾患や変性性疾患を念頭に診断を進める。

- ◆ 腫瘍性疾患
- ◆ 変性性疾患

観察と神経学的検査による局在診断

まず観察で大まかな局在診断を行う。本症例では、意識状態や周囲環境への反応性に明らかな異常は認められない。このことから、脳疾患の可能性は低いと判断することができる。また、歩行時のふらつきがみられる。両前肢の運動には異常はみられないが、両後肢のナックリングが認められる。さらに、神経学的検査では脳神経や前肢の検査所見には異常はなく、両後肢の姿勢反応の異常がみられる。両後肢は脊髄反射の亢進を呈しているため、両後肢のUMNSと判断できる。したがって、疑われる病変の局在はT3-L3脊髄分節である。

- ◆ 意識状態の異常なし ｝ 脳疾患の可能性は低い？
- ◆ 周囲への反応性に異常なし
- ◆ 歩行時のふらつき
- ◆ 両前肢の運動に異常なし
- ◆ 両後肢のナックリング
- ◆ 脳神経、前肢の神経学的検査所見に異常なし ｝ 病変はT3-L3脊髄分節？
- ◆ 両後肢の姿勢反応の異常あり
- ◆ 両後肢の脊髄反射の亢進
  ⇒ 両後肢のUMNS

病変分布から考えられる病態

ここまでの所見からT3-L3脊髄分節における病変が疑われる。ただし、この脊髄分節に含まれる病変であれば、病変の分布にかかわらず、姿勢反応や脊髄反射の検査結果は同様である可能性がある。したがって、検査所見や臨床症状から病変の分布を絞ることはできない。

鑑別診断と必要な追加検査

胸腰部（T3-L3）の脊椎または脊髄の疾患が疑われるため、まずは胸腰部の精査が必要となる。X線検査、MRI検査、脳脊髄液検査などが重要である。

追加検査所見

胸腰椎のX線検査において、T11-12、T12-13、T13-L1の椎間板腔の狭小化が認められた。次に行った胸腰髄のMRI検査では、X線検査で椎間板腔の狭小化がみられた3椎間において椎間板ヘルニアと脊髄圧迫が認められた（図20-15）。

診断

椎間板ヘルニア（多発性）

治療および経過

シグナルメント、臨床経過ともあわせて、ハンセンⅡ型の椎間板ヘルニアと診断し、3椎間の部分的椎体切除術を実施した。術後、本症例の歩様は改善し、順調に経過している。

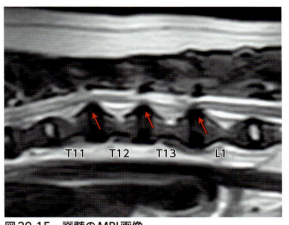

図20-15　脊髄のMRI画像
T2強調矢状断像。T11-12、T12-13、T13-L1の椎間板は低信号を示し、変性していると考えられる。これらの部位では椎間板の突出により脊髄の圧迫が生じている（➡）。本症例は多発性のハンセンⅡ型椎間板ヘルニアと診断された。

索 引

和文索引

あ

アセチルコリン	177
アミノグリコシド中毒	183
威嚇まばたき反応	54, 90, 101
意識障害の鑑別診断	215
意識状態	20
一次性ニューロン	136
犬ジステンパーウイルス感染症	93, 99, 111, 122
インスリノーマ	183
陰部神経	168, 186
ウォブラー症候群	31, 149
上目遣い	139
運動失調	27, 28
運動不耐性	179, 181
運動路	138
会陰・肛門反射	80
壊死性脳炎	93, 111, 120
嚥下障害	179
横隔神経	136
嘔吐	117

か

下位運動ニューロン性膀胱麻痺	190
下位運動ニューロン	146
開脚姿勢	21, 99
開口時の筋緊張	64
外側膝状体	92
回転性眼振	60, 109, 118
角膜潰瘍	128
角膜反射	54
滑膜嚢胞	161
下腹神経	168, 186
感覚鈍麻	90
感覚路	138
眼瞼反射	53
環軸椎不安定症	140, 143
眼振	59, 108, 118
乾性角結膜炎	128
肝性脳症	93
間脳	86
顔面神経	119, 126
顔面神経麻痺	128, 129, 131
顔面知覚	63
キアリ様奇形	99, 122
企図振戦	100
逆説性前庭障害	101
嗅覚	67
局在診断	6
空間認識障害	88
くも膜憩室	111, 122, 143, 161
クリプトコッカス症	93, 122
頸部痛	22, 140, 217
頸部の硬直	139
犬座姿勢	158
後弓反張	109
交叉伸展反射	80
甲状腺機能低下症	122, 132, 183
後頭骨形成不全症候群	143
硬膜外血腫	161
硬膜外腫瘍	143, 151, 161
硬膜内腫瘍	143, 151, 161
骨肉腫	122
骨盤神経	168, 186
固有位置感覚	69
昏睡	109
昏迷	21, 109

さ

細菌性髄膜脳炎	111, 122
坐骨神経反射	75
三叉神経	126, 131
三叉神経麻痺	65
三頭筋反射	78
視覚障害	89
シグナルメント	7, 10
姿勢性眼振	101
姿勢性伸筋突伸反応	73
膝蓋腱反射	74
膝蓋腱反射の偽性亢進	172
シフシェリントン症候群	160
視放線	92
斜視	57, 120
終脳	86
腫瘍随伴性ニューロパチー	183
重症筋無力症	178, 183
上位運動ニューロン性膀胱麻痺	190
上位運動ニューロン	156
上衣腫	111
上行性網様体賦活系	20, 89, 106, 214

小脳	97
小脳脚	97
小脳欠損	98
小脳梗塞	99
小脳出血	99
小脳低形成	98
小脳皮質アビオトロフィー	98
蹴行	180
除小脳固縮	99
除脳固縮	99
除脳姿勢	109
神経筋接合部	177
神経原性萎縮	181
神経膠腫	111
神経根徴候	31, 170, 179
神経鞘腫瘍	111
神経線維	142
神経裂離	180
振戦症候群	99
深部痛覚	83
垂直性眼振	59, 108, 118
水頭症	93, 122
水平性眼振	59, 108, 118
髄膜腫	111, 196
髄膜脊髄炎	143, 151, 161, 173
髄膜脳炎	194
ステロイド薬	13
ステロイド反応性髄膜炎	143
性格の変化	87
生理的眼振	60, 120
脊髄空洞症	142, 143, 151, 161
脊髄梗塞	143, 151, 161, 173
脊髄出血	143, 161, 173
脊髄腫瘍	143
脊髄反射	73
脊髄分節	135
舌下神経麻痺	65
線維肉腫	122
旋回	30, 89, 109, 118
前脛骨筋反射	75
前庭系	116
前庭障害	108
前脳	86
測尺過大	100
測尺障害	31, 100
側頭筋の萎縮	129
咀嚼筋炎	130
咀嚼筋の萎縮	131

た

大脳	86
立ち直り反応	72
多発性神経根神経炎	183, 195
ダンディー・ウォーカー症候群	111
単麻痺	149
知覚	82
知覚過敏	83
中耳炎	122
中枢前庭系	115
貯尿期	188
沈うつ	20
椎間板脊椎炎	143, 151, 161, 173
椎間板ヘルニア	159, 198
手押し車反応	72
てんかん	93
頭位回旋	117
頭位変換性眼振	61, 118
頭位変換性斜視	58
頭蓋内疾患	19
頭蓋内出血	93
瞳孔対光反射	62, 92
瞳孔の対称性	56
橈側手根伸筋反射	76
糖代謝障害	93
糖尿病	183
トキソプラズマ症	93, 111, 122
特発性てんかん	93
特発性前庭疾患	122
跳び直り反応	71
ドライアイ	129
ドライノーズ	129

な

内耳炎	122
ナックリング	140
軟骨肉腫	122
肉芽腫性髄膜脳炎	93, 98, 111, 122
二頭筋反射	77
尿失禁	191
尿毒症性脳症	93
尿漏れ	191
ネオスポラ症	111, 122
猫伝染性腹膜炎	93, 99, 111, 122, 194
捻転斜頸	108, 117
脳炎	111, 122
脳幹梗塞	111, 122
脳幹出血	111, 122

脳梗塞	93
脳挫傷	111
脳腫瘍	93, 111
脳神経	126
脳神経検査	51
脳神経障害	107
脳ヘルニア	111
飲み込み	66

は

徘徊	88
排尿	186
排尿期	189
排尿困難	191
排尿障害	168
排尿中枢	186
背弯姿勢	29, 161
白質	156
発症パターン	12
馬尾	166
馬尾障害	29
馬尾症候群	173
半側脊椎	160
皮筋反射	81, 146
尾髄	166
ヒストリー	7, 13
尾側頸部脊椎脊髄症	31, 149, 151
ビタミンB₁欠乏症	111, 122, 183
引っ込め反射	79
腓腹筋反射	75
表在痛覚	82
表情筋の下垂	129
病態診断	6
不随意運動	22
踏み直り反応	70
振子眼振	60, 101
平衡障害	101
閉口障害	129
ペーパースライド法	69
ヘッドプレス	89
ヘルペスウイルス脳炎	111
変性性脊髄症	29, 161
扁平上皮癌	122, 197
片麻痺	141, 149
膀胱麻痺	190
ボツリヌス中毒	183
歩様異常	28
歩様検査	27

ポリニューロパチー	179
ボルナ病	122
ホルネル症候群	119, 136, 146

ま

末梢神経	177
末梢性ニューロパチー	183
末梢前庭系	115
麻痺	27、30
ミオクローヌス	140
脈絡叢腫瘍	111
メトロニダゾール中毒	99, 111, 122
綿球落下テスト	68
モノニューロパチー	179
問診	10

や

| 腰膨大部 | 166 |

ら

ライソゾーム病	93, 98, 111, 122
律動性眼振	101, 118
リンパ腫	111, 196

わ

| 腕神経叢 | 146, 180 |

欧文索引

ARAS	20, 89, 106, 214
CCSM	31, 149
CN	20, 37, 127
COMS	143
CP	7, 69
DAMNIT-V	11
DM	29
EW	37
FCE	141
FIP	93, 99, 111, 122, 194
LMN, LMNS	40, 73, 177, 190, 195
overreaching	101
PNS	177
UMN, UMNS	40, 73, 190

■ 編著者

神志那 弘明　岐阜大学応用生物科学部共同獣医学科獣医臨床放射線学研究室 准教授

1996年　酪農学園大学酪農学部獣医学科卒業
2003年　フロリダ大学獣医学部修士課程修了
2007年　フロリダ大学獣医学部博士課程修了
2008年　岩手大学農学部獣医学課程獣医内科学研究室 助教
現　在　岐阜大学応用生物科学部共同獣医学科獣医臨床放射線学研究室 准教授

■ 著者一覧 (五十音順)

淺田 慎也　(吉田動物病院)
井上 憲一　(おざき動物病院)
海老沢　緑　(岐阜大学動物病院神経科)
小畠　結　(岐阜大学応用生物科学部共同獣医学科)
酒井 洋一　(にしかに動物病院)
関　悠佑　(あま動物病院)
高村 文子　(吉田動物病院)
中田 浩平　(岐阜大学連合獣医学研究科)
中野 有希子　(岐阜大学動物病院神経科)
西田 英高　(岐阜大学応用生物科学部共同獣医学科)
矢田 奈緒子　(坂田動物病院)

3ステップで考える　神経疾患の診断アプローチ

2017年11月1日　第1版第1刷発行
2018年4月20日　第1版第3刷発行

編集者　神志那 弘明
著　者　淺田 慎也、井上 憲一、海老沢　緑、神志那 弘明、小畠　結、酒井 洋一、
　　　　関　悠佑、高村 文子、中田 浩平、中野 有希子、西田 英高、矢田 奈緒子（五十音順）
発行者　西澤行人
発行所　株式会社インターズー
　　　　〒151-0062　東京都渋谷区元代々木町33-8　元代々木サンサンビル2F
　　　　TEL 03-6407-9690／FAX 03-6407-9375
　　　　業務部（受注専用）TEL 0120-80-1906／FAX 0120-80-1872
　　　　振替口座　00140-2-721535
　　　　E-mail：info@interzoo.co.jp
　　　　Website：http://www.interzoo.co.jp、https://interzoo.online/

表紙デザイン・イラスト　龍屋意匠合同会社
組　版　Creative Works KSt
印刷・製本　瞬報社写真印刷株式会社

Copyright © 2017 Interzoo Publishing Co., Ltd. All Rights Reserved.
ISBN978-4-89995-936-6　C3047
乱丁・落丁本は送料弊社負担にてお取り替えいたします。
本書の内容の一部または全部を無断で複写・複製・転載することを禁じます。
本書の内容に変更・訂正などがあった場合は弊社Websiteでお知らせいたします（上記Website参照）。